园林景观手绘设计表现

基础提高篇

周晓 著

中国林业出版社

图书在版编目（CIP）数据
园林景观手绘设计表现．基础提高篇 / 周晓著．-- 北京 ：中国林业出版社，2015.5(2019.3重印)
ISBN 978-7-5038-8019-3
Ⅰ．①园… Ⅱ．①周… Ⅲ．①景观设计－园林设计－绘画技法 Ⅳ．① TU986.2
中国版本图书馆 CIP 数据核字（2015）第 120899 号

中国林业出版社
责任编辑：李 顺 王 远
出版咨询：（010）83143569

出 版：中国林业出版社（100009 北京西城区德内大街刘海胡同 7 号）
网 站：http://lycb.forestry.gov.cn/
印 刷：固安县京平诚乾印刷有限公司
发 行：中国林业出版社
电 话：（010）83143500
版 次：2015 年 7 月第 1 版
印 次：2019 年 3 月第 2 次
开 本：889mm × 1194mm 1 / 16
印 张：11
字 数：300 千字
定 价：68.00 元

手绘学习之攻略“八法”（自序）

一、多画多练，才是王道

这是学习手绘设计最根本也是最重要的方法，因为它不是简单的靠短时间突击一下就能学好的，而是必须要经过一个从量变到质变的积累过程，没有一定量的积累、相当时间的坚持、各种技法技巧的磨练，想学好手绘只能是一句空话。特别是对于初学者而言，一定要有针对性的大量练习，练习的方式以临摹为主，临摹是最快捷的技法学习方法，是在前人和他人的成熟经验基础上，吸取营养，学习他人的优秀表现技法与技巧。临摹能够迅速而有效地提升技法的表现力和造型能力。如果没有达到一定量的练习，哪怕再有天赋也不会有很大的进步与提高，很难有好的作品出来！其实，有无天赋并不重要，有无基础也不重要，勤能补拙，笨鸟先飞才是关键。

二、多看多想，必不可少

要多看好的作品，优秀的作品，开阔眼界，要多看高手的实际作画步骤，最好是现场示范，因为它可以真实地反映一幅作品是怎样画出来的，从中学习他人的长处技法及经验等；在看的时候，要带着问题去看，去分析，而不是走马观花似的只是看看热闹；尤其要注意的是，在练习时同样也要多想，理解很重要，所谓的“悟性”讲的也是思考领悟的意思，不能毫无目的的瞎画，纯粹只是凑数的话，那效果肯定是大打折扣的！

三、交流请教，真心要有

学习手绘不能闭门造车，要不耻下问，不能因为害羞、怕批评，而不敢把自己的作品拿出来与同学、老师一起交流探讨。在分享各自的得失同时，汲取别人的经验教训，少走弯路。“当局者迷，旁观者清”，你作品中的问题，往往自己很难发现，但别人却很容易就能给你指出来，并告之你解决的办法，从而避免自己一而再再而三地错误下去。要多向比你厉害的人请教，尽可能的多让高手点评你的作品，这对于迅速提高自己的手绘技能与艺术素养是非常有帮助的。

四、坚持到底，才能逆袭

不少同学在学习之初还是很有热情的，画得也不少，可不久后，他们发现手绘学习逐渐越来越有难度了，完成的画面效果与自己预期有一些距离了，这时往往就会气馁泄气，止步不前，开始丧失继续学习的动力。这其实在手绘学习中是非常正常的，学习越到后面，难度越大，不可能是简简单单、一蹴而就的，这就要求我们要不怕困难，持之以恒，在一张张练习、一幅幅作品中解决一个个难题，其实每一种技能的学习都是如此。试想，如果你越不画，就越不敢画；越不敢画，就越不会画；越不会画，就越画不好，如此循环往复，你基本又回到起点了，这样纵然你的基本功再好，也是不可能学好手绘的。

五、理论联系实践，神马都是浮云

学习手绘容易出现两种倾向：一种人只注重看书，听理论课，而疏于动手；另一种人则忙于埋头作画，不去阅读书本知识，也不善于总结自己和他人的经验，这都不是高效率的学习方式。手绘设计表现的理论和实践是紧密结合的统一体，相对而言，其实践能力或者说动手能力又占相当的比重。光有“理论”，没有“实践”的检验，是学不好手绘的；光有“实践”，没有“理论”的指导，同样也学不好。学习手绘的理论必须通过大量的实践才能真正有所理解，有所收获，这是一个与时俱进、相辅相成的学习研究过程。

六、心态要放松，别怕伤不起

我们常说“画如其人”、“笔随心动”，如果作画时压力太大，过于紧张，把每幅作品的成败看得太重，是很难画出好作品的；反之，如果心情舒畅，下笔上色轻松自如，行云流水，最后反倒能画出让人难以置信的佳作出来。特别是对于平时的练习来说，成功了固然高兴，失败了也不气馁，不可能每一幅作品都是成功的，换纸重画便是。很多时候，放松心态，轻装上阵，反而会取得很好的作画效果。

七、自信很重要，屌丝也有春天

拥有强大的自信心是成功的重要保证，手绘也是如此。不要害怕出错，始终告诉自己：你一定行的！永远不要泄气，不要被自己打败，相信成功就在不远的前方，要勇于尝试，要“敢画”，不画，你永远也不知道自己在实际作画中会遇到什么问题，自然也无从解决这些问题，那么你永远也不可能学好手绘。不要怕出现问题，只有出现了问题，才能解决问题，只有解决了问题，才能一步一步画得更好，用不了多久，你的作品会让你和小伙伴们都惊呆的！

八、收集图例资料，你有木有

收集各种手绘设计参考资料，收集优秀的手绘图例作品，并将它们分门别类的归档保存，以供参考与借鉴之用。可以尝试参考以下类别归档：校园、居住区、公园、城市广场等不同类型景观的设计及表现；植物、小品、建筑、水体、铺装等景观元素的设计及表现；平面、剖立面的设计及表现；天空、人物、车辆等配景的表现；木材、金属、玻璃、石材等常见材质的表现；鸟瞰、一点、两点等不同透视角度的表现；各类景观成套设计方案图纸的表现等等。

前言

手绘是设计的基础，是设计师交流的语言，也是设计的开端，要想成为一名主案设计师，在单位独挡一面，手绘表现的技能不可或缺，手绘表现主要是在概念设计、方案阶段使用得较多，手绘设计方案把握的好与坏直接关系到业务的成败。到目前为止，所有研究生入学考试、设计院所面试、设计师资格考评认定都是以手绘为主要考核依据。

作为一名学习设计专业的学生或职业设计师，不仅需要具备创新的设计思维和独特的设计理念，还应具备各种娴熟的表达能力。手绘表达是设计表现中极其重要的一种表现手法。尤其是在园林及景观设计领域，快速手绘表现图以其画面流畅轻松的钢笔线条、潇洒概括的马克笔、彩色铅笔的笔触、生动简练的明暗虚实层次以及特有的“艺术结合技术”的表现风格，具有电脑等其他表现手段所不可替代的艺术特性和表现魅力。因此，手绘设计表现是相关人员需要掌握的一项重要技能，为今后成为优秀设计师打下扎实的基础。

本套书特点：

一、系统性　手绘基础技法、透视与构图技巧、单体和配景表现、立体空间思维与表现、设计元素表现、整体空间表现、实景写生表现、快题手绘设计表现等内容的科学设置，让零基础的你在最短的时间内，取得最大的进步与提高，成为手绘设计高手。

二、多样性　钢笔、彩色铅笔、马克笔、水彩、精绘、快速表现、手绘与电脑表现相结合等多种手绘技法与表现形式，特别是针对实践中运用最多的马克笔及彩铅技法进行了重点详尽的讲解分析。

三、示范性　大量实例的步骤示范与解析，全面展示了手绘作品从初始的铅笔起稿到最后上色完成的全过程。有别于多数手绘书籍只呈现出最终成品效果，更多只能停留在欣赏图例的基础上。通过这些步骤示范使读者能够举一反三，尽快掌握手绘的画法。

四、易学性　从入门到精通，内容循序渐进，深入浅出，语言简洁流畅、通俗易懂，利用丰富的图例解析对手绘设计表现的技法技巧与步骤程序进行生动细致地描述。

五、实战性　不是单纯讲解手绘表现的技法，而是将其溶入到园林景观设计的过程中，重在设计工作中的实践运用。图例作品大多是在不借用尺子情况下直接徒手表现完成的，更贴近于实战应用。

六、适用性　精选了大量的范图供读者赏析与临摹练习，并挑选了部分学生习作，通过点评分析，指出初学者常见的问题，便于读者在学习过程中参照、借鉴，汲取他人的经验教训，少走弯路，尽快掌握手绘技法，提高手绘技能与艺术修养。

本套书分为“基础提高篇”与“实战应用篇”上下两册，上册主要以手绘设计基础与常见技法为主，包含徒手线描技法、彩铅及马克笔技法等内容，侧重对基础技法的解析，适用对象为高校相关专业低年级学生、助理设计师、爱好者等；下册主要以手绘设计实践应用为主，包含空间思维与表现、设计元素表现、快题设计表现等内容，侧重对设计创作及写生的指导，适用对象为高校相关专业高年级学生、职业设计师、具备一定基础的行业人士等。

真心祝愿每位读者在手绘设计学习的道路上取得更大的成绩！

目 录

第一章

关于手绘

- 手绘设计概述
- 手绘工具与材料介绍

一、手绘设计概述

“手绘”：顾名思义，就是徒手描绘，徒手绘制的意思。具体来说，就是指采用徒手描绘的形式来表现设计者的设计意图与设计效果。所谓的“手”是区别于电脑或机械的工业化批量生产，主要用徒手表现，而不借助尺规工具或尽量少的借助。正是由于更多地运用了徒手的形式，每一幅手绘作品都是独一无二、富有生命力及艺术感染力的，有它自身的原创性与鲜明的人的思想感情在其中。

手绘，归根结底是设计者表达设计理念和思维的一种表现方式。作为一种表现方式，手绘的历史已经很长了，它被广泛地应用于整个设计领域，特别是近几年，得到了很好的发展，并且越来越受到人们的重视，成为设计师的“看家功夫”，甚至成为客户评判一个设计师设计水平与能力的重要标准。几乎所有的设计大师在设计之初，都是用手绘的形式来勾画出自己的设计构思。

园林景观设计领域：

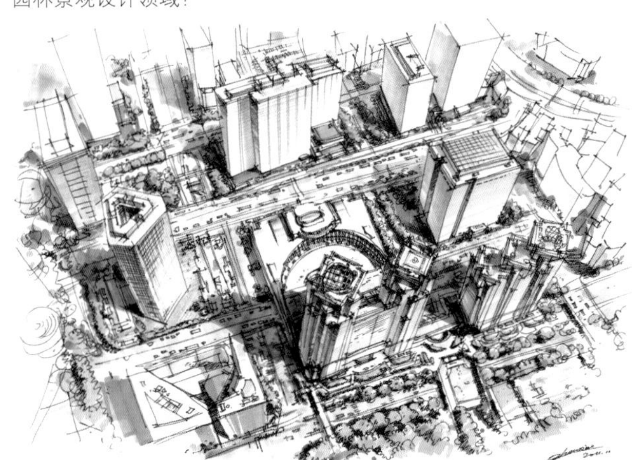

图 1–1 景观鸟瞰

图 1–2 景观平视

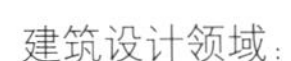

建筑设计领域：

图 1–3 会所建筑

图 1–4 高层建筑

室内设计领域：

图 1-5　现代客厅

图 1-6 酒店公寓

工业造型设计领域：

图 1-7 小汽车

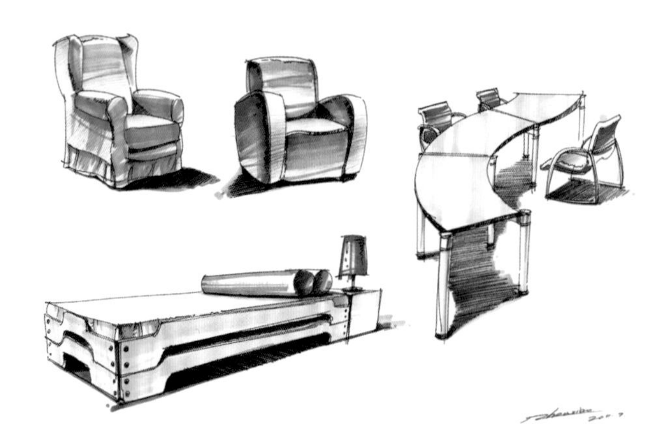

图 1-8 家具

无论是东西方的古典园林，还是宫廷建筑，在建造之初也都是由设计者将设计图纸绘于纸上，然后再交由工匠施工建造完成。只是在当时“设计图纸”并不像现在的平、立、剖施工图与透视效果图这般分得如此细，往往大多是以类似今天的轴测图的形式来展现的。像达·芬奇、米开朗基罗等大师既是伟大的画家，又是杰出的建筑与园林设计大师。到了近现代更是如此，柯布西耶、赖特、约翰·伍重等设计大师的著名代表作品无一例外都是最初在草图纸上徒手勾画而诞生出来的！

具体到园林景观及建筑设计领域，表达设计理念的方式有很多种，从广义上来理解，它是指可以通过图像（图形）来表现设计思想和设计概念的视觉传递技术，包括：轴测图、手绘设计图、模型、电脑效果图与动画、摄影摄像等表现手段；但相比于其他的表现方式，手绘设计图具有它天然的优势：方便、快速、直观、高效，对工具设备要求低。

轴测图：虽然也属于手绘的形式，但几乎所有的线条都必须严格地借助尺规工具来完成，要耗费大量的时间与精力，速度太慢，另外也无法反映出色彩与材质等效果。

模型：从表现效果来说，模型比手绘图要好不少，因为它毕竟是真实的三维物体，但需要较专业的材料与工具，制作的时间也较长。

电脑效果图与动画：相关软件建模及渲染的时间较长，对机器设备的要求较高，特别是动画，其制作周期长，费用也较高。

摄影摄像：从真实性来说，摄影与摄像是最真实直观的，但它们都有一个最基本的前提，就是设计的作品必须是已经竣工完成以后，才有可能去拍摄照片与录像，否则根本无从“拍”起。

手绘设计图：只要有几支笔，一张纸，就能在很短的时间内将你的设计构思表现出来，记录下哪怕只是瞬间的灵感，快速直观地表达所要展现的设计效果。这也正是其他表现方式所不具备的独特优势。

我们已经对“手绘”有了一个基本的了解，那么接下来再从几个不同的方面来深入地学习。

1. 手绘表现的作用

A. 更好地展示设计师所设计的内容；

B. 便于设计师与客户进行沟通交流。

2. 学习手绘设计的三要素

A. 美术基础：素描，色彩，速写

B. 透视基础：一点平行透视，两点成角透视，三点透视，圆形透视

C. 设计基础：形态构成，方案设计

3. 手绘设计图的绘画特点

A. 手绘图与纯绘画作品的区别

纯绘画作品是画家个人思想感情的表露，个性较强，无论何种表现形式都可以，所以纯绘画作品是偏感性的。

而手绘设计图的最终目的是要体现设计者的设计意图，并使观者（甲方、客户）能够认可你的设计。手绘图更在乎他人的感受和认可，所以作为手绘设计图，就要求画面效果要忠于实际空间，画面要简洁、概括、统一，要有一定程式化的画法。

B. 手绘图的科学性

1. 手绘图首先要有准确的空间透视

2. 要表现比较精确的尺度（场地、建筑及空间环境界面的尺度，景观小品、植物、铺装等设计元素的尺度，人物车辆等配景的尺度）；

3. 表现材料的固有色彩和真实质感；

4. 尽可能真实地表现物体的光影变化。

C. 手绘图的艺术性

绘画作品的艺术规律也同样适用于手绘图中，如整体统一、对比调和，画面的主次关系，虚实关系等。

D. 手绘图是科学性与艺术性相统一的产物。一张好的手绘设计图，在作为设计图纸存在的同时，它本身也应该是一幅艺术作品。

4. 手绘设计图的类型

手绘设计图在实践应用中，根据方案设计创作过程的不同阶段，主要可以分为：前期的构思性设计草图、中期的交流性概念效果图、后期的商业性最终效果正图这三种类型。

不同类型的手绘图，侧重表现的方面也是有所区别的。设计草图是在方案构思阶段，对设计理念的考虑及表现会多一些；概念效果图是在设计效果展示和交流阶段，会注重画面效果的表现；最终效果正图是在后期方案深化和扩充阶段，会更偏重于材料、施工技巧等具体细节的表现和说明。

5. 手绘设计图十大关键词

构图　透视　形体　尺度　线条

色彩　光影　笔触　质感　主次

一幅完整的手绘作品正图最终都应该体现出这十个关键词，要用这十个词来不断审视你的作品，在整个作画过程中，要把这十个词始终贯彻在其中。构思设计草图也应该体现构图、透视、形体、尺度、线条、色彩这几个方面。

6. 手绘与电脑表现之关系

我们不能因为现在在学习手绘，就片面地夸大手绘表现的重要性，而忽视电脑表现。对于从事设计行业的人士来说，手绘表现与电脑表现两者都同等重要，它们都是表达我们设计构思理念的一种表现方式，只不过它们在整个设计过程中所起的

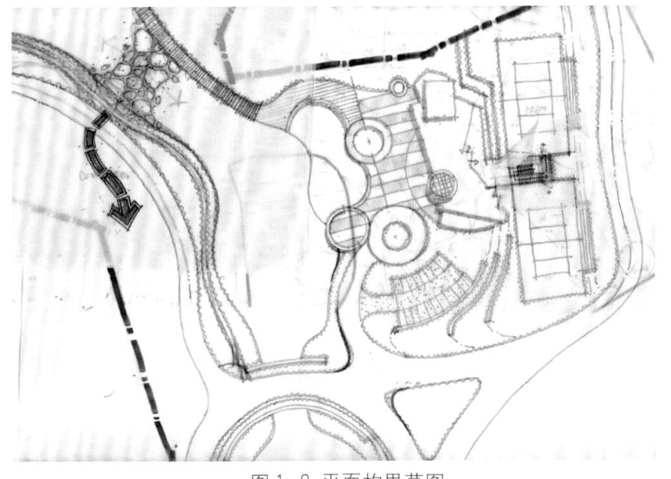

图 1–9 平面构思草图

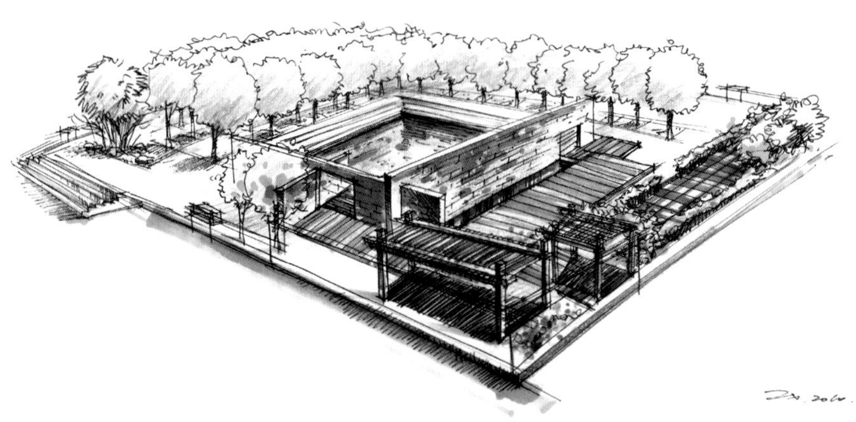

图 1–10 概念设计草图

作用或是担当的角色不同。

手绘表现主要是在设计的前期和中期运用得比较多，这一时期，主要是设计方案的草图设计与推敲阶段，包括就方案的整体构思设计与客户沟通，手绘的形式能更好地满足所需，快速直观地表现出整体的设计效果；电脑表现主要是在设计的后期运用得较多，在接下来的扩充与深化设计中，最终的所有施工图以及部分的透视效果图，包括文本或展板的装帧排版设计等正式图纸文件大多是以电脑表现的方式来完成。

另外，手绘表现与电脑表现各有所长：手绘的优势在于快速、高效，对工具要求不高，更能体现出设计灵感的迸发与设计构思的过程，表露出人鲜活生动的感情；而电脑表现正好能弥补手绘的不足，易于修改、严谨规范。所以，两者各有特点、取长补短、相辅相成、互相促进，有时也会以手绘与电脑相结合的形式来表现。不能互相代替，也不能偏废。

二、手绘工具与材料介绍

“工欲善其事，必先利其器。”正确了解并熟练掌握手绘的工具与材料，对于学习手绘表现而言十分重要。以下介绍一些在手绘设计表现中，常用的工具与材料。

1. 笔

能够用来画手绘的笔很多，有铅笔、钢笔、针管笔、签字笔、彩色铅笔、水粉笔、水彩笔、中国画笔、马克笔、羊毛板刷等，这里主要介绍最常用的几种笔。

铅笔：铅笔在手绘中主要是前期辅助起稿所用，有绘画铅笔和自动铅笔两种。绘画铅笔有 HB ~ 6B 之分，数字越大笔迹越深，就手绘表现图而言，用 2B 的绘画铅笔是最多的，它笔芯软硬适中，笔迹深浅适中，比较适用于绘制设计构思草图或是常规平视点透视效果图的起稿，还包括用于水彩纸上的铅笔起稿。

自动铅笔使用方便，不必频繁的削笔，笔芯根据粗细也有不同型号之分，它比较适于画面内容较为复杂的鸟瞰效果图或是平立剖面图的铅笔起稿。

针管笔：分为一次性和非一次性两种。非一次性的针管笔在快速画线时出水不流畅，会使所画线条时断时续，且价格较高。故手绘表现一般不选用，它比较适用于绘制工程制图或是较为工整规范的长期作品。而一次性的针管笔使用方便，线条

图 1-11　常用手绘工具与材料

图 1–12 勾线笔

图 1–13 彩色铅笔

A：绘画铅笔　　B：日本樱花一次性针管笔
C：德国施德罗一次性针管笔
D：德国红环针管笔　　E：白笔　F：各种中性笔

图 1–14 马克笔

图 1–15 马克笔

轻重缓急有变化，特别适合画手绘图。常用的有日本樱花、德国施德罗、德国 edding、国产雄师等。

针管笔有各种型号之分，在 0.1 ～ 1.2，可根据需要来选用准备。一般要准备细、中、粗三种不同粗细的针管笔，如 0.1、0.3、0.8，当然 0.1 或 0.2 是用的最多的。针管笔不用时，要及时盖上笔帽，避免笔尖受损和墨水干枯。

签字笔：特别是中性笔，出水流畅，便宜好用，很适合平时的手绘练习。可以选择 0.5 和 0.38 的型号。另外，美工笔也可以画手绘，其笔触变化丰富，但较难掌握，建议初学者在具备一定的基础与能力后再使用。

彩色铅笔：有国产和进口两种。

进口品牌主要以德国、美国、捷克产为好，最常用的是德国辉伯嘉水溶性彩色铅笔，辉伯嘉也有非水溶性的。24 色或 36 色即可。

马克笔：有水性和油性两种。水性的效果特点：灰、涩、生；油性的效果特点：艳、润、熟，绘画效果要优于水性笔。

油性笔又分为：以甲苯作为溶剂的和以酒精作为溶剂的，一般多用酒精性马克笔进行手绘表现。目前市面上比较常见的有：韩国 Touch 或 My colour 马克笔、美国三福（Sanford）马克笔、德国天鹅（Schwan）马克笔，用得最多且性价比最好的当数韩国 Touch 酒精性马克笔。马克笔使用完毕后，一定要随手及时盖上笔帽，否则酒精等溶剂很容易挥发，导致墨水干枯，缩短马克笔的使用寿命。

全套马克笔的颜色很多，依据品牌不同，少则几百支，多则上千支，但就我们园林景观及建筑设计手绘表现而言，常用的不过 60 ～ 70 种颜色，不需要全套购买。这里，我在自己使用的韩国 Touch 酒精性马克笔中，挑选出最常用的 45 个色号供各位参考：

R3．R16．RP17．YR21．R22．YR23．YR26．Y32．
Y37．Y41．GY42．GY47．GY48．BG50．BG51．
G55．BG57．BG58．G59．PB63．B67．BG68．PB70．
PB75．PB76．PB77．P83．P84．RP89．
R94．YR97．YR99．YR101．CG1．CG2．CG4．CG6．
BG3．BG5．BG7．WG1．WG3．WG5．WG9．120

共 45 支 （标准常用色，初学者在画到一定程度后，可根据自己的需要再增加）

水彩笔：不用整套都买，可以选择单号或双号，6 支即可。圆头笔方头笔均可，可根据个人兴趣与习惯来选择。

中国画笔：毛笔在手绘中主要也是用来画水彩的，一方面有些水彩的技法与效果用毛笔更适合表现，如勾画线条、细节刻画等；另一方面，因专业的水彩笔较贵，故也可以用价格相对较低的毛笔代替。狼毫（小号），羊毫（中白云），羊毫（大白云）可以各准备一支。

2．纸

复印纸、1 ～ 3 号（A1 ～ A3）绘图纸、水彩纸、硫酸纸、素描纸、新闻纸、白卡纸、色卡纸等。

复印纸：方便经济，用于手绘练习最适宜。在练习上色稿时最好使用纸质较好的，否则会影响上色的效果，建议选择 80g 的复印纸。A4 规格的可以准备多一些，A3 的可以少一些。

绘图纸：可以用 3 号图纸来画一些手绘作品的正稿，其效果要好于复印纸； 2 号与 1 号图纸一般多用来画整套的快题设计表现。

水彩纸：正宗河北保定产即可，效果不错，与进口的差别不大，法国康颂（Canson）水彩纸性价比也很高。正宗的水彩纸纸张较厚，纸浆密度较大，纸质较紧，表面有较为粗糙的纹理。反之则为比较劣质的水彩纸，不建议使用。

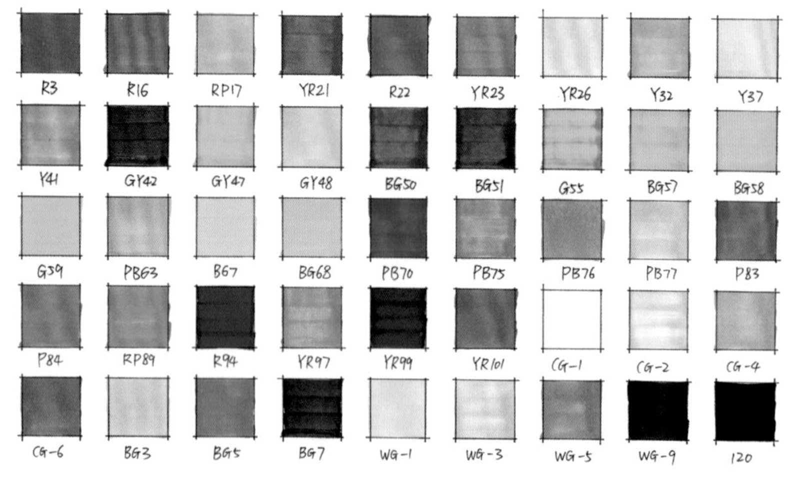

图 1–16 韩国 Touch 马克笔常用色

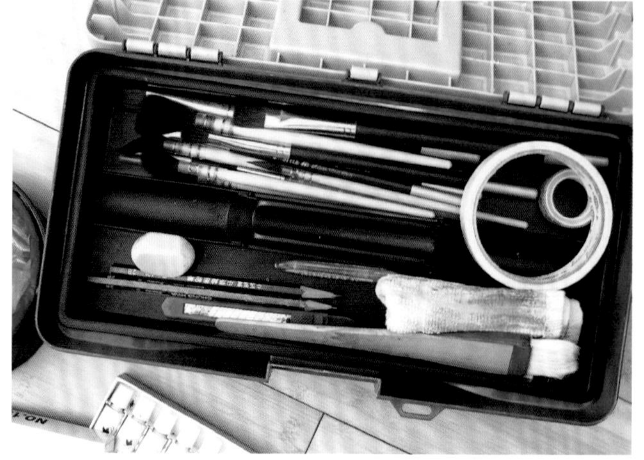

图 1–17 水彩笔

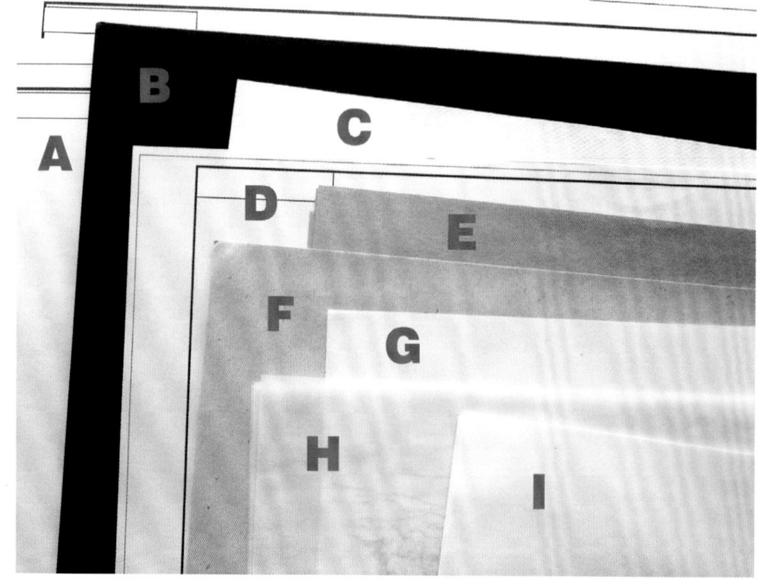

A：2 号（A2）图纸
B：色卡纸
C：水彩纸
D：3 号（A3）图纸
E：牛皮纸
F：新闻纸
G：A3 复印纸
H：硫酸纸
I：A4 复印纸

图 1–18 纸

图 1–19 水彩颜料

图 1–20 尺类

图 1–21 手绘本

图 1–22 文件夹

3. 其他工具材料

其他工具与材料还有如水彩颜料、专业手绘本、马克笔笔袋、尺类、白笔或修正液、橡皮、画板、A4 文件夹等。

水彩颜料：国产马利或温莎牛顿都可以，18 色或 24 色即可。

尺类：直尺、三角板、比例尺、曲线板、蛇形尺、各种模板等。

白笔或修正液：在手绘中，修正液不是起修改作用的，而是代替白色水粉颜料，表现高光用的。

橡皮：最好选择质地较软的橡皮，好的软橡皮不但能很方便地清除不要或错误的笔迹，而且不易擦伤画纸，能更好地保证最终画面效果。

A4 文件夹：装手绘练习作品及复印纸用，并起保护作用，携带方便。

第二章

手绘设计的基础

- 素描
- 色彩
- 手绘中的观察方法，握笔方法与坐姿
- 徒手线条训练
- 各种线条的练习
- 透视与构图技巧

一、素描

素描对于手绘设计来说，是非常重要的基础。素描是一切造型艺术的基础，通过对素描内容的学习，应该掌握物体的形体、结构、明暗、体积的表现方法与技巧，也就是说，在手绘表现的时候，我们要表现出物体的形体、结构、明暗、体积等内容，要较好的表现物体的光影变化、素描关系。只有这样，所表现的设计效果才能使观者感到真实可信，接近现实的环境场景。

素描是单色的绘画，除了要表现出物体的形体与结构外，还要充分表现出明暗的变化，否则就不能很好地体现出物体的体积感。物体在光的作用下，有着非常丰富的明暗变化。光从某一个角度照射到物体上，受光面是比较亮的，背光面是比较暗的，光线在整个照射过程当中，被物体遮挡的部分就会在物体所在的基面上形成投影。

具体来说，在素描中，有几个专业的名词术语，即：高光、

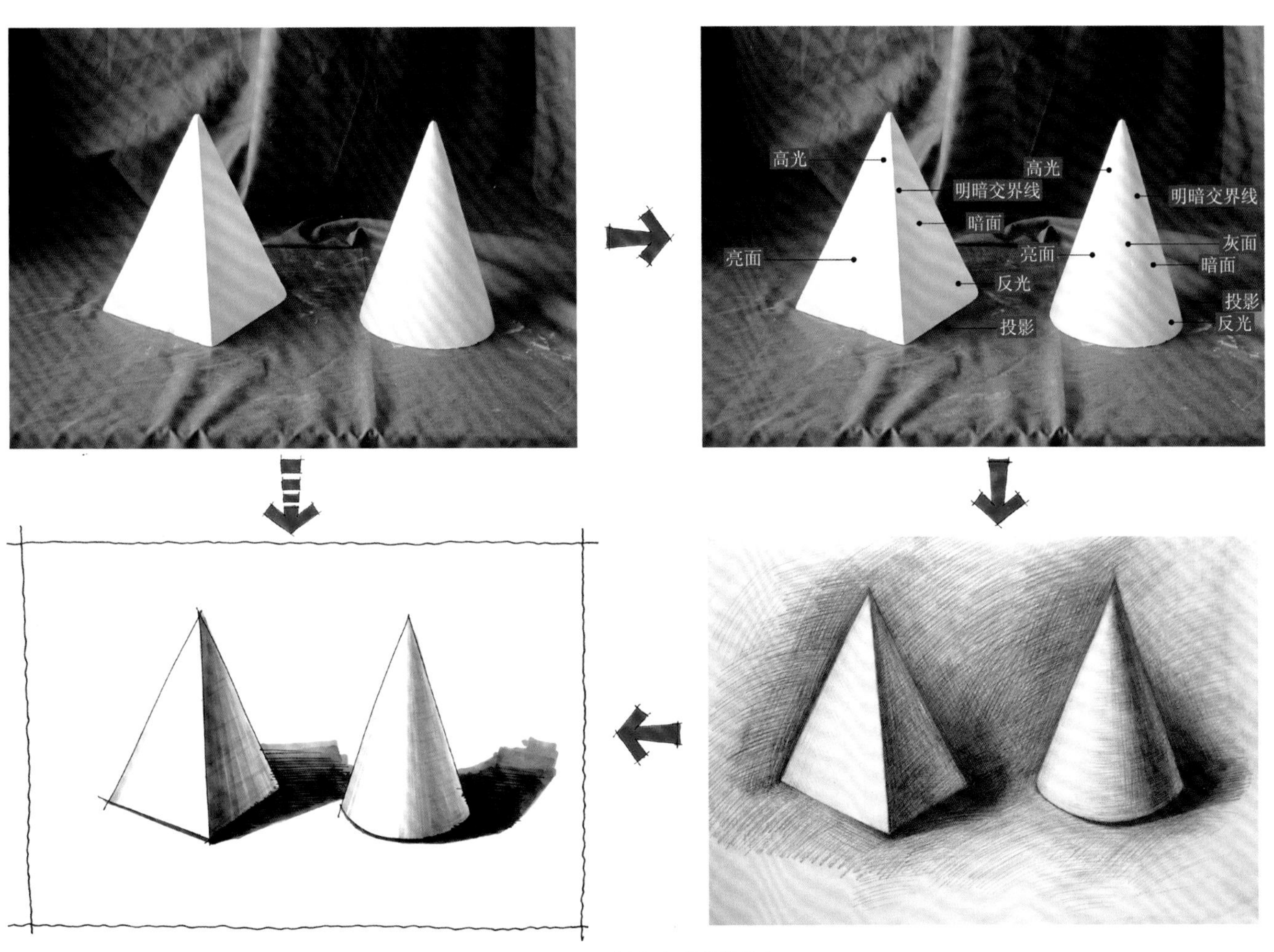

图 2–1 素描关系 1

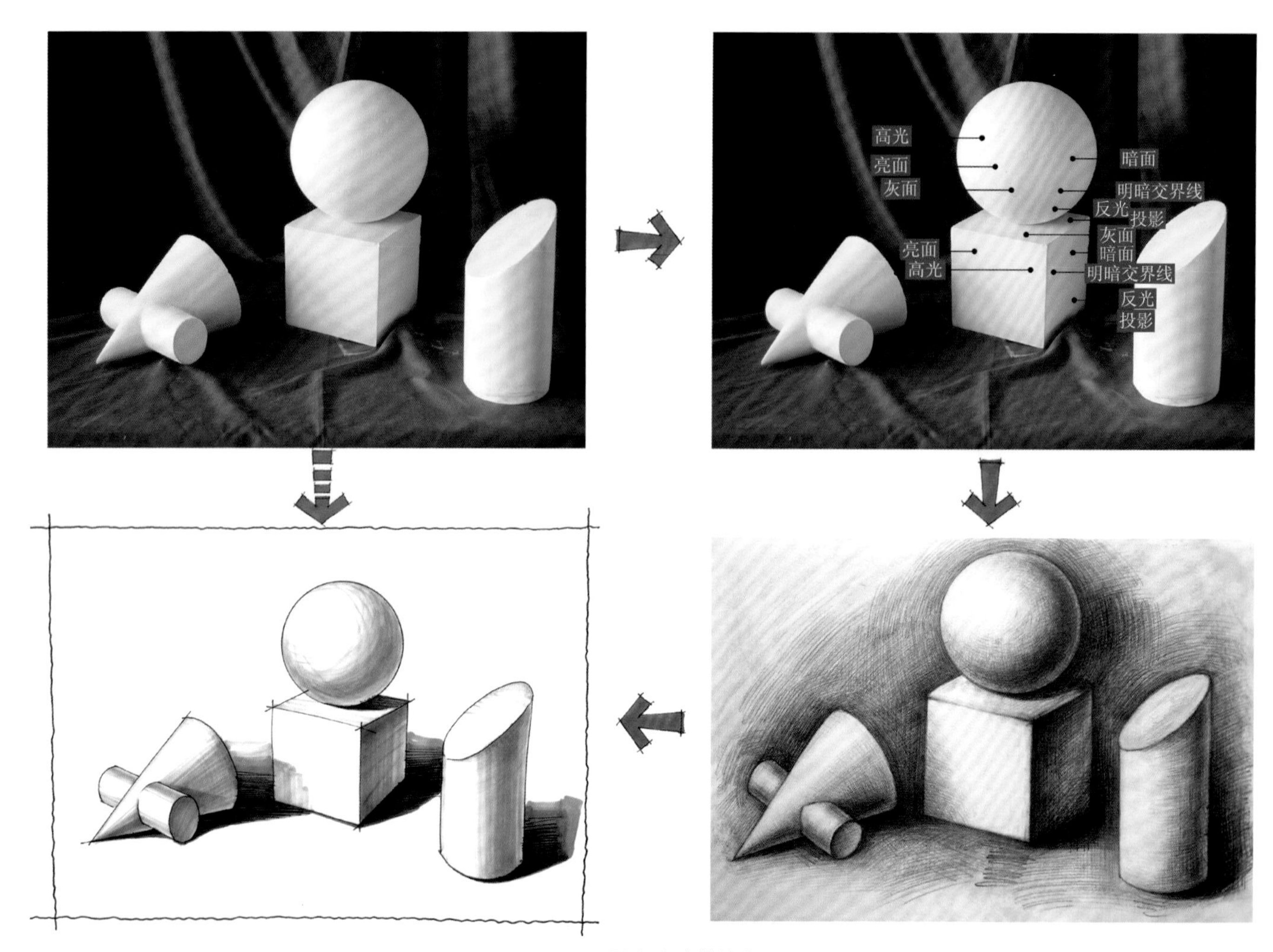

图 2–2 素描关系 2

亮面、灰面、暗面、明暗交界线、反光、投影。亮面中最亮的部分叫：高光，这个部分由于光线能够最直接地照射到，所以它是整个物体明暗当中最亮的；在暗面中，虽然光线没有直接照射到这个部位，但光线也会同时照射到物体所在的基面上，从基面上反射的一部分光线会照射到暗面当中，形成反光，这个部分位于物体与基面比较接近的地方；还有一个部分是整个物体明暗当中最暗的，它处于灰面与暗面交界的地方，因为这个部位既受不到光线的直接照射，又受不到光线的间接反光照明，所以它最暗，名称很形象，就叫：明暗交界线。

这里要特别强调的是，物体明暗的过渡变化是一个比较自然柔和的过程、一个循序渐进的过程。特别是投影的表现要有深浅的逐渐变化，越靠近物体的基面部分是最深最暗的，旁边的部分由于能受到漫反射光的影响，会逐渐变浅变亮。不少初学者往往在这个方面会出现一些问题，如：明暗的过渡变化很生硬，不自然，缺少衔接的部分；甚至明暗没有过渡变化，要么漆黑一片，要么一片雪白。这样，自然就不能充分体现出物体的体积感，达不到所需要表现的效果。

还有一点，也是要特别注意的，我们在表现一个空间环境场景的时候，一定要事前确定好光线照射来源的方向，根据光线的方向表现出相应的空间场景中各个物体的明暗变化。就园林景观与建筑来说，照明是受日光的影响，基本都只有一个光源方向（除了夜景的效果可能会有多个照明光源），也就是太阳，大多是从画面的左上角或右上角照射下来。那么相应的，画面中物体的暗面和投影与光源的方向是相对应的：光源在左上角，暗面和投影就在物体的右下角；光源在右上角，暗面和投影就在物体的左下角。

二、色彩

色彩在手绘基础中也非常重要，因为对于一个物体的表现，除了要表现出形体、结构、明暗、体积等内容以外，还要表现出它的色彩以及色彩变化。

讲“色彩”，首先要讲到“光”。我们都知道在伸手不见五指的黑夜，可以触摸到物体，但却看不到它的颜色，由此可见，光是色彩的来源，光是“色之母”。那物体五彩缤纷的色彩又是如何形成的呢？原因在于其反射的色光不同，所以呈现的颜色也就不同了。比如一个物体如果吸收了除红色以外的所有色光，只反射出红光，反射的红光被我们人眼所接收，那么这个物体的颜色就呈现红色。

自然界中的色彩是非常丰富的，但我们可以将这些纷繁变化的色彩概括为两种，一种称之为有彩色，一种称之为无彩色。无彩色指得是没有色彩倾向的颜色：黑色、白色、灰色，有时也会把金色、银色也看作是无彩色。当然灰色根据深浅的不同，有很多种；有彩色是指有色彩倾向的颜色，所以除黑色、白色、灰色（以及金色、银色）以外的所有颜色都属于有彩色的范畴。

在有彩色中，又分为：暖色调和冷色调两大类。暖色调如橙色、红色、黄色，使人联想到火和阳光，给人感觉温暖、华丽、热烈；冷色调如蓝色、紫色、绿色，使人联想到海洋和森林，给人感觉清冷、宁静、沉着。

在色彩的学习中，我们还要明确几个概念。一是色彩的四元素：原色、间色、复色、补色；二是色彩的三要素：色相、明度、纯度。

原色：是指三种原始色彩，即红、黄、蓝三色。红、黄、蓝能调配出其它的色彩，但其它的色彩却调配不出这三种色彩。

间色：是由三原色中的红与蓝、蓝与黄、黄与红的混合调配出三种间色，即紫、绿、橙，被称之为“第一间色”，其与邻近的三原色所调配出的另一组色彩被称之为“第二间色”。

复色：是在间色与间色、间色与原色、间色与灰色三色以上形成的，又称三次色。

补色：在色相环中直线距离最远的一对色彩是补色。如红与绿、黄与紫、蓝与橙，这几种补色的色彩对比最为强烈。

色相：是指色彩的相貌，是区别色彩种类的名称，是指不同波长的光给人以不同的色彩感受。红、黄、蓝、绿等每个字代表一类色彩具体的色相。

明度：是指色彩的明暗程度，也可称为亮度或深浅程度等。明度是所有色彩都具有的特性，任何色彩都可以还原成明度关系来考虑。比如黑白照片、素描作品等呈现出只有黑白灰的明度效果。

纯度：是指色彩的纯净饱和程度，或者说是指色相鲜灰的程度。物体固有色越接近光谱中红、橙、黄、绿、青、蓝、紫分列中的某一色相，纯度就越高，反之越接近黑白灰无彩色，纯度就越低。

需要强调的是，我们在表现物体色彩的同时，一定不要忘了还要同时表现出它的素描关系，也就是在前面讲到的明暗关系、光影变化。因为色彩与明暗在一个物体上是同时存在的，只不过与素描不同的是，色彩是用色彩的变化（主要是明度）来表现明暗的变化的。否则，就只表现出物体的颜色，而没有表现出物体的体积感了。

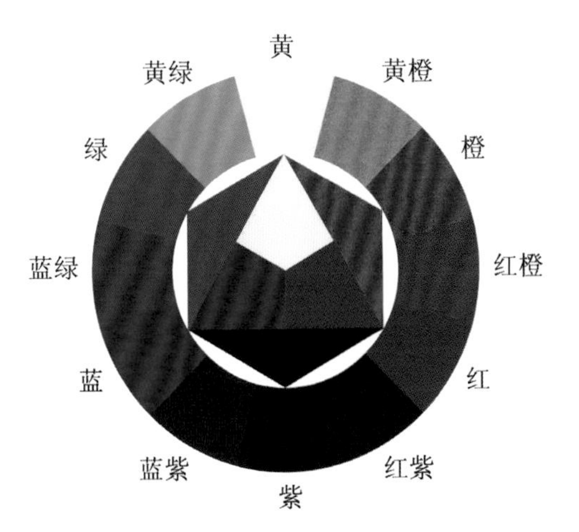

图 2–3 色相环

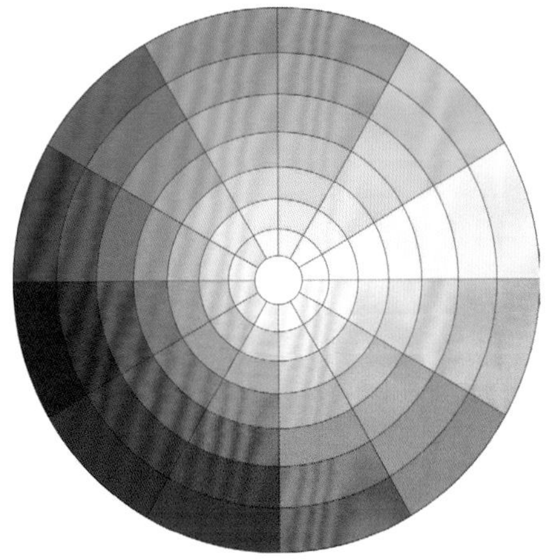

图 2–4–1 色彩变化 1

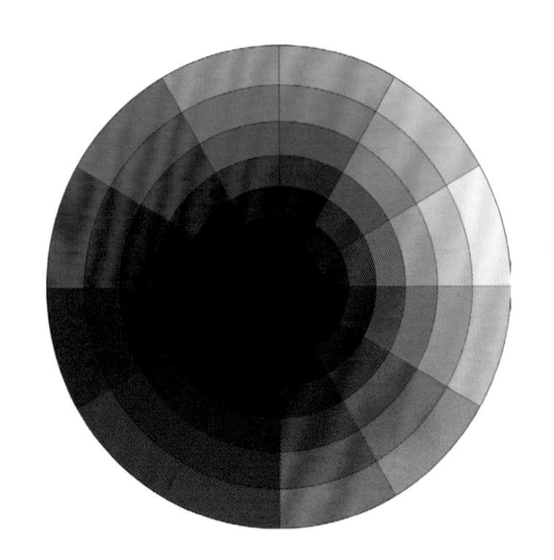

图 2–4–2 色彩变化 2

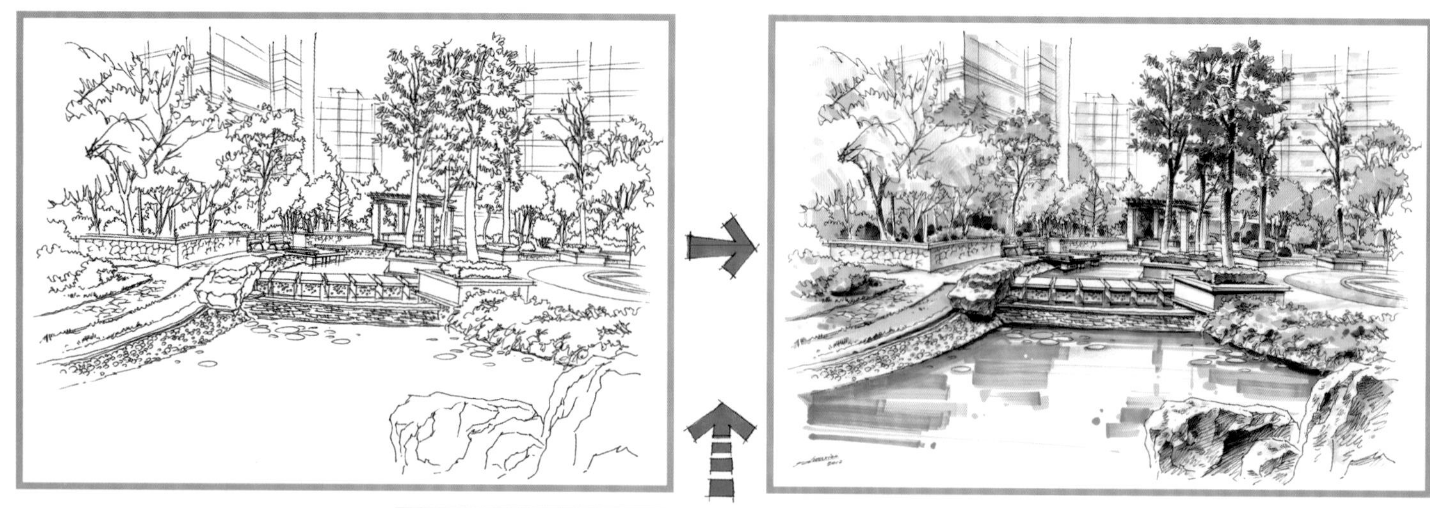

图 2–5 色彩关系

三、手绘中的观察方法、握笔方法与坐姿

1. 观察方法

“观察方法”的问题是贯穿整个手绘作画过程的重要问题，因为它直接关系到我们是否能将画面（空间）中的各种物体“画准”、“画象”。在一幅手绘作品中，往往有多个不同的物体，既然这些物体都同属于一个画面（空间）当中，那么每个物体的大小、位置、明暗、色彩的确定就一定要与其它（周边）物体相比较，不能单单只观察你正在表现的那个物体，也要同时关注画面中其它的物体，“比较”很重要，不“比较”，物体的大小、上下、左右等都无法确定，物体表现的准确性包括整个构图就容易出现错误，这就是我们所说的要“整体观察”的问题。

在整体观察的同时还要“特征观察”，通过对物体形体与结构特征的观察，以及与周边其它物体的对比，才能快速准确的表现出这个物体的造型与结构。就如同画人物肖像漫画时，只有充分观察并分析出每个人物的不同特征，才能画得又快又像。在实际的教学中不少同学没有整体观察与特征观察的概念，以致出现各种问题：要么画得过大，要么画得过小，要么偏左，要么偏右，形体结构不准，色彩也不准……。所以，无论是在线描时，还是在上色时，我们都一定要注意“整体观察”与“特征观察”！

2. 握笔方法

这个一般分两种情况，如果表现的画面部位面积尺寸较小，线条往往比较短，握笔方法与我们平时写字时无异，以手腕作为支撑点；如果描绘的画面部位面积尺寸较大，由于线条比较长，这时，就需要我们采取有如练习书法时的方法，手腕要悬空起来，改以肘关节作为支撑点，否则就会受到手腕固定的制约，影响较长线条连贯流畅地表现。

3. 坐姿

头部及眼睛要与画面之间保持一定的距离，这样便于作画时整体观察，不能靠得太近，斜着身子或扭着身子。

有条件的话，最好使用有倾斜桌面的绘图桌，特别是在幅面比较大的时候，如画 A1、A2 的图纸，这样能避免作画时产生视错觉。此外，画大图的时候，有时要站起来画，不能久坐固定不动。由于幅面变大，画面中各物体的面积与各自间的距离也随之变大，站起来画能使眼睛与画面的距离变长，更便于对整个画面的整体观察与把握，更准确地进行作画时的比较与分析。

四、徒手线条

在讲线条之前，要先明确一下“线描”的定义。线描：用线条来描绘表现物体对象。

我们知道，表现物体对象的方式有很多种，如素描、速写、色彩等，线描也是表现方式的一种。当然，表现方式的不同，具体的表现效果和技法也不相同。

素描的画法：素描主要表现的是物体的形体、结构、明暗、体积以及空间感；明暗部分表现的比较丰富，明暗的过渡变化非常自然。

线描的画法：由于线描要求对物体对象要进行“精炼与概括”，所以线描主要表现的是空间环境的结构以及空间当中物体的形体与结构；明暗部分表现得很少，只表现物体最主要的明暗，也就是投影和明暗交界线。

错误的画法：初学者比较常见的错误主要出现在两方面：一是线条毛糙、琐碎，断断续续，太虚，不连贯、不明确，依然延续素描学习当中线条的技法；二是明暗上得过多，依然采用素描表现的方法，只不过是将铅笔换成了针管笔，画成了钢笔画。

这里需要说明，虽然素描是用“线条”来表现的，线描也是用“线条”来表现的，但两个“线条”具体的表现内容与技法是不一样的。素描当中的线条主要是表现明暗的，以不同长短的直线为主；而线描当中的线条主要是表现形体轮廓与结构的，不同的形体要用不同的线条来表现，变化非常丰富。明确了线描的定义，我们就知道线条所表现的内容了。

图 2-6 线描与素描

1. 徒手线条技法要领： 线描的线条要流畅、肯定，不能断断续续、毛毛糙糙。可以采用分段画法画较长的线条。

2. 徒手线条的作用： 线条本身并无意义，一旦形成形体就有了生命，线条是徒手表现的灵魂！我们除了一开始进行一些单纯的徒手线条练习以外，更主要的是在物体的表现中来练习各种线条。

3. 徒手线条的表现力： 线条是手绘最基本的表现手法，线条最富有生命力和表现力。因为线条本身是变化无穷的，有长短、粗细、轻重等变化。

不同的线条反映出不同的情感，如线条的曲直可表达物体的动静，线条的虚实可表达物体的远近，不同的线条也能表现不同的质感。

手绘中线描的线条要流畅、肯定，根据表现内容的不同，一定要有相应的"变化"，不能断断续续、毛毛燥燥，呆板、僵硬。

手绘时，要预先判断出线条停止的位置或变化的方向，这样才能保证线条的准确性；还要注意线条的尺度与比例，头脑中要有尺度比例的概念，否则会导致整个空间的尺度比例失调。

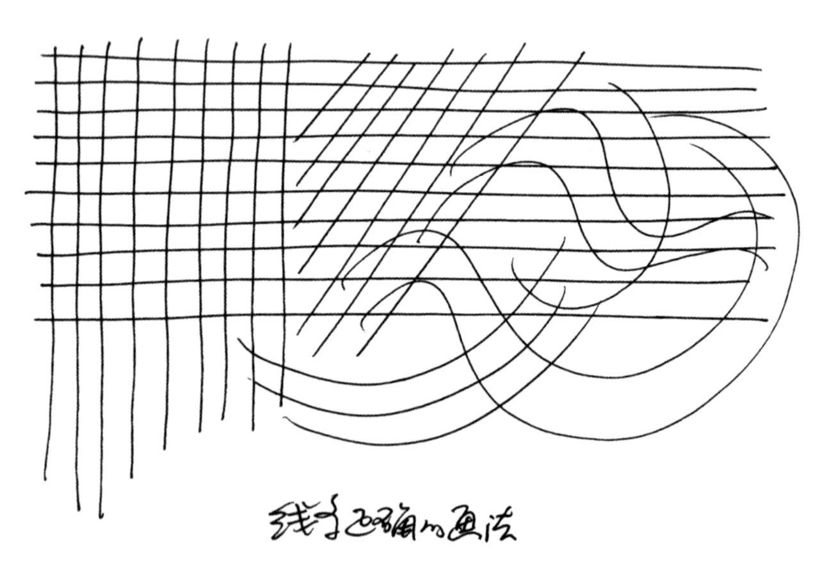

图 2–7–1 线条的画法

图 2–7–2 长线条的分段画法

图 2-8 线条的表现力

五、各种线条的练习

我们可以把变化非常丰富的线条总的分为三类：

1. 直线练习

（1）慢画线

由于运笔的速度比较慢，线条会自然呈现出上下起伏抖动的效果，表达出一种比较"质朴"、"沉稳"的感觉。但这种起伏抖动要控制在一个合适的范围内，不能过头，而且线条总的直线方向不能出现问题，否则就不是直线了，变成波浪线了。

（2）快画线

运笔的速度比较快，线条比较直、比较挺，呈现出硬朗、明快、干脆利落的效果，更有"设计构思草图"的感觉。但这种感觉是要建立在线条准确性的基础之上的，切不可一味追求所谓的"潇洒"感觉，而忽视了最根本的准确性的问题。

慢画线相对比较容易掌握，快画线有一定的难度，建议初学者最好先练习慢画线，把慢画线画好了，具备一定的"功力"了，再逐渐过渡到快画线的练习。当这两种画法都熟练掌握后，我们可根据自身擅长的技法或习惯来选择其中一种作为今后的重要画法，逐步形成自己的手绘线条风格。

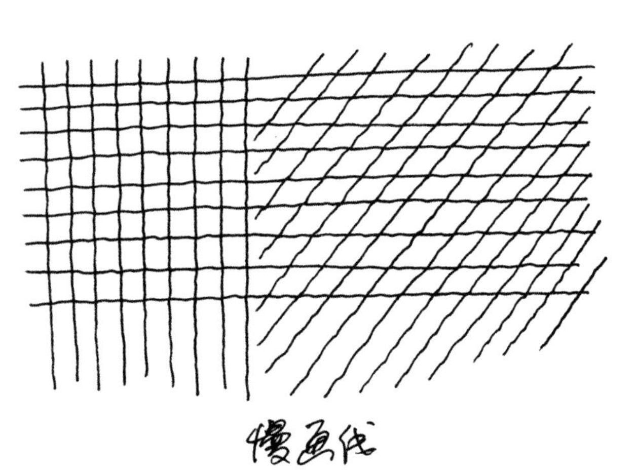

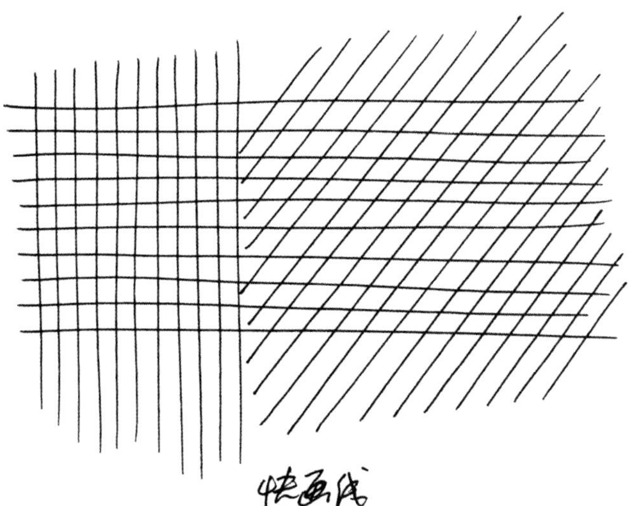

图 2-9 直线练习

2. 弧线练习

弧线比直线要有难度一些，因为它的方向是有变化的，不但要把变化的方向（弧度的大小）画准，还要把弧度的转折过渡表现好，弧度的转折是非常“圆润”、“流畅”的。

3. 特殊线练习

特殊线主要用来表现各种植物的，植物是生动自然的，所以表现植物的线条变化也是最丰富的，切不可画得过于规则，缺乏变化。在画特殊线的时候一方面要通过线条的起伏大小来体现变化，另一方面要通过线条的轻重缓急来体现变化的效果。不少初学者在表现植物的时候，形体不会有大的问题，但线条往往画得杂乱、呆板、僵硬，没有表现出植物“有生气”的感觉。特别是园林景观设计的手绘作品，植物的准确表现是其重点。

注意：画线时要一笔就是一笔，线条一根就是一根，清晰、明确；不能毫无意义地来回重复叠加线条。练习线条的时候，要先求“准”，再求“快”。先把线条画准确了，画多了，手感慢慢到位了，熟能生巧，自然就能画得又快又好了。

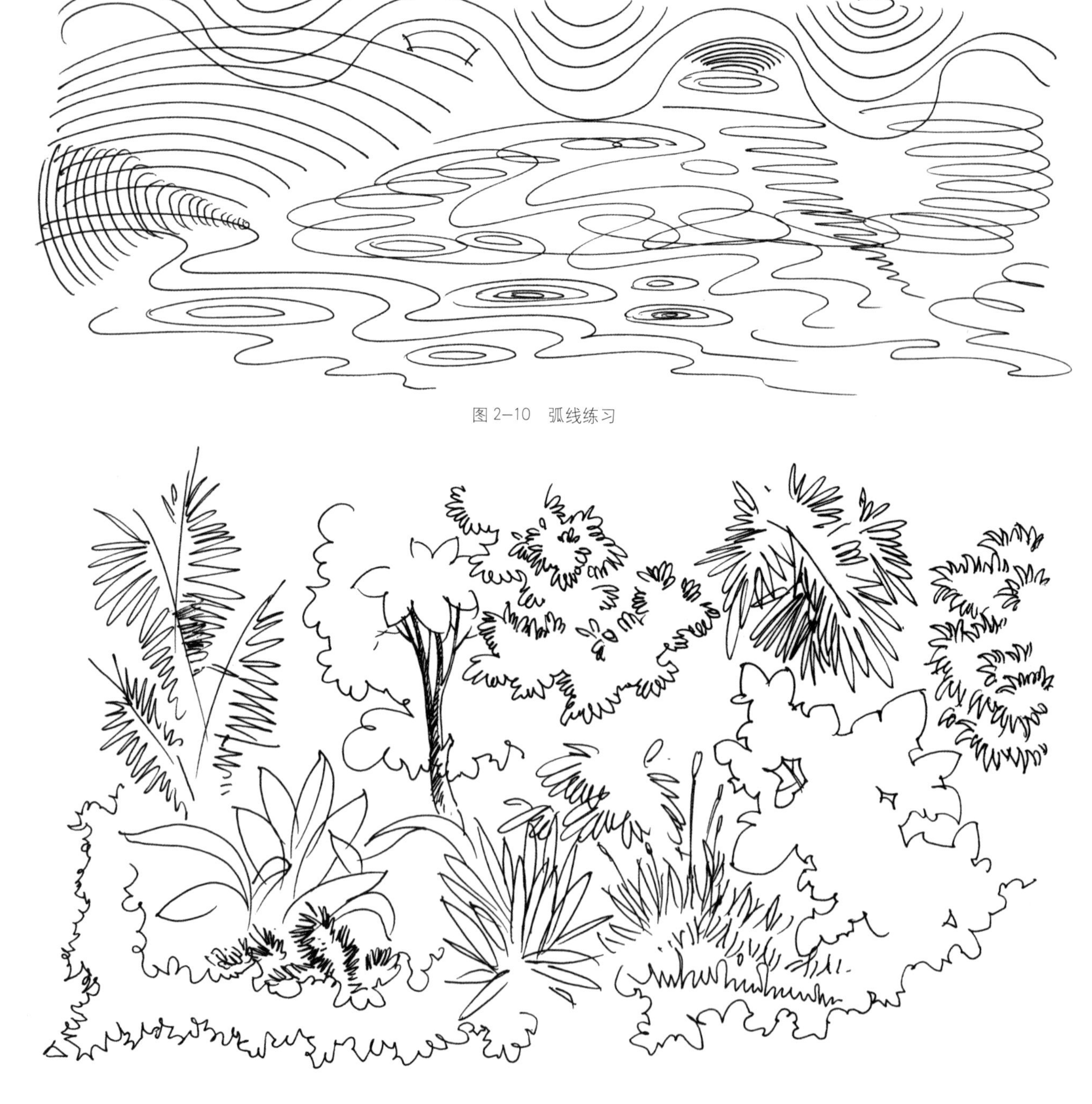

图 2–10　弧线练习

图 2–11　特殊线练习

▲ 为什么画不准？怎样才能画好？

这是初学者在刚学手绘时最容易遇到的问题，要解决好这个问题，关键就是要处理好：手、眼、脑三者之间的关系。我们在纸上画的每一笔，都是心有所想，有感而发，都是要表现一定内容的，很少会毫无任何目的地瞎画乱画，所以最开始是头脑中先有意识、有要表现的内容，然后就是通过手与眼的配合，将内容通过手绘的形式把它表现出来，在绘制的同时，手、眼、脑三者要高度一致，并且相互间不断检验、修正，只有这样才能“画准”、“画好”。

比如画最简单的一根直线，首先要想好这根线条是直线，它的方向是怎样的？是水平线，还是垂直线，又或是某个角度的斜线？它的长度是怎样的？在画面中的位置是怎样的？从哪里起笔，到哪里收笔？等等。接着在下笔画的过程中，“眼”要看准，“手”要到位，“眼”要不断检验“手”是否画得符合“脑”的所想。

但是在实践中，初学者往往想得很好，但画出来却根本不是那么回事，最终的效果离所想有很大的差距，这其实就是手、眼、脑三者没有配合好，特别是手与眼的配合，如眼到了，但手没到，或者手到了，但眼没到，这样都直接关系到最终能否画准。所以，要想“画准”、“画好”，一是下笔之前要先想，先构思分析好，不能冒冒失失地瞎画；二是要通过大量的练习逐渐处理好手、眼、脑三者的配合关系，三者保持高度一致，熟练准确地配合好。

▲ 万一要有画错了的线条，怎么办？如何处理？

我们在作画时不可避免的或多或少都会出现一些画错的线条，哪怕手绘大师也会如此，特别是短时间的快速手绘更容易画错。万一不幸出现，不要惊慌，冷静地想想看怎样处理是最好的办法。一般的处理方法就是重新画上一根正确的线条就可以了，千万不要在错误的线条上“修补”，在上面画很多修补的线条，这样反而会将你的错误更明显地暴露出来。

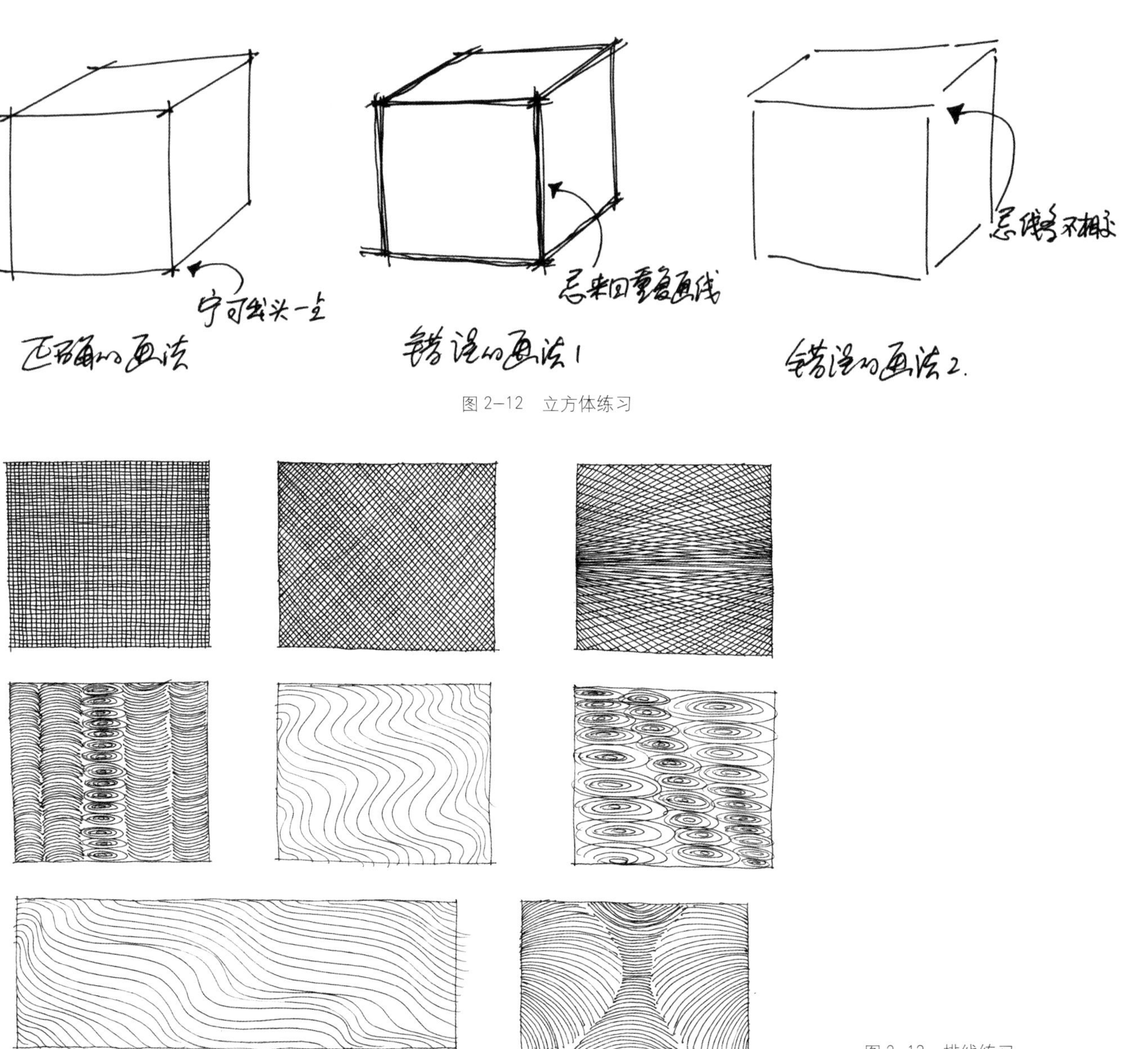

图 2–12 立方体练习

图 2–13 排线练习

图 2–14　线条组合练习

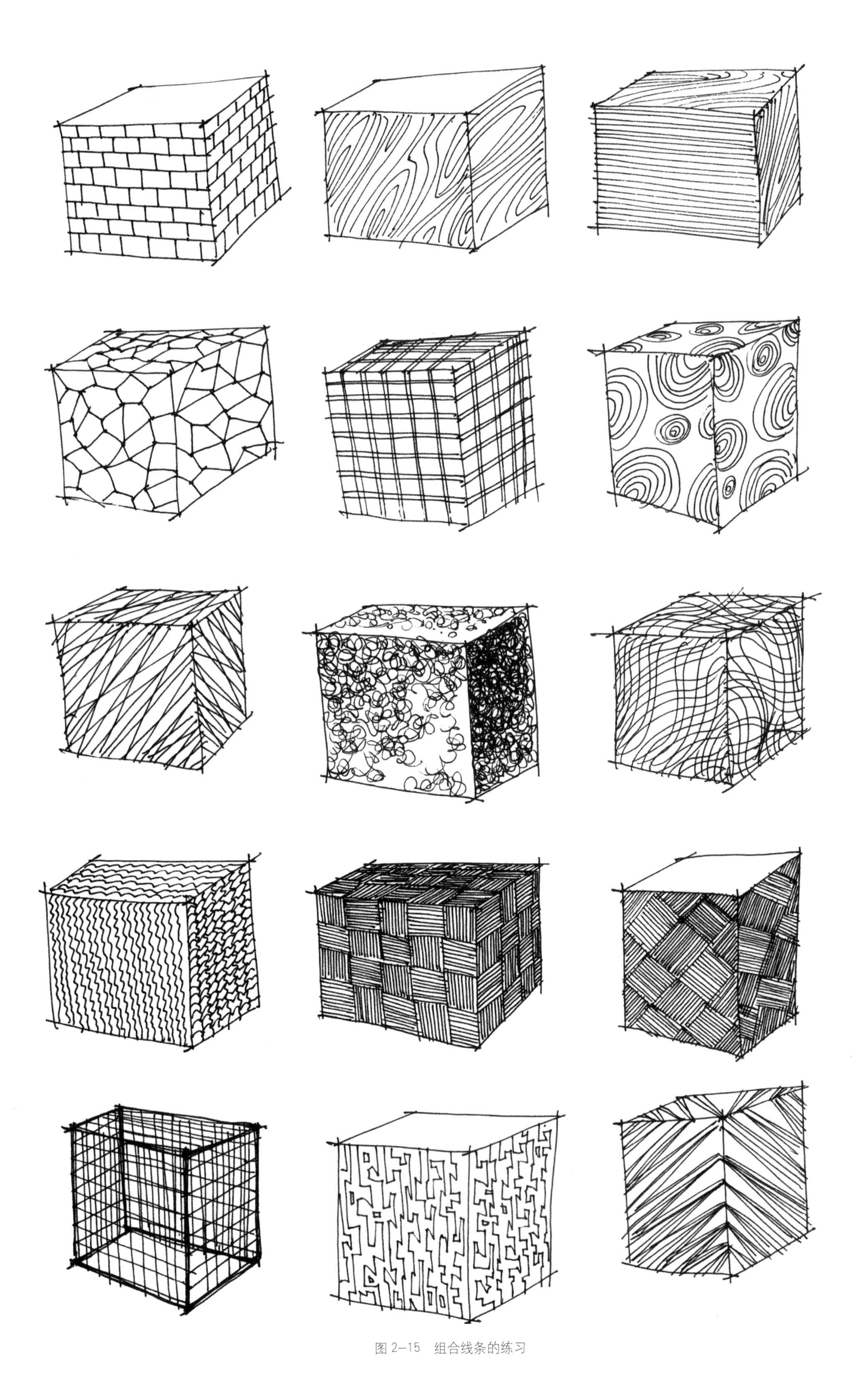

图 2–15 组合线条的练习

六、透视与构图技巧

透视对于手绘来说是至关重要的，它是手绘设计最重要的基础之一。一幅手绘作品不管有多么精彩的线条和细节，如果保留透视的准确性方面出现大的问题，那所完成的手绘是毫无意义的，绝不可能成为一幅成功的手绘作品。

标准的透视制图是极其严谨和规范的，所有线条都要借助尺规工具来完成，并要经过精确的计算。但在实际的手绘设计工作中，作画（设计）的时间往往比较短，专业制图的工具也不全，况且更多的时候我们只要求通过手绘表现出设计方案的大致效果就可以了，所以手绘中的透视表现不可能、也不需要按标准的透视制图来画。我们在这里所讲的透视表现技巧属于“快速简易透视表现法”，摒弃了诸多繁琐复杂的内容，最适合在实际中来使用。严格标准的透视作图法请祥见相关书籍资料，这里不再复述。

掌握好透视乃至于熟练运用透视，一方面需要对透视原则与基本方式的理解，另一方面要靠大量的练习，在实践练习中不断强化对透视规律的理解与应用，慢慢“手感”逐渐到位了，就能达到象高手那样即便不打透视底稿，也能快速画出较为准确的透视图出来。

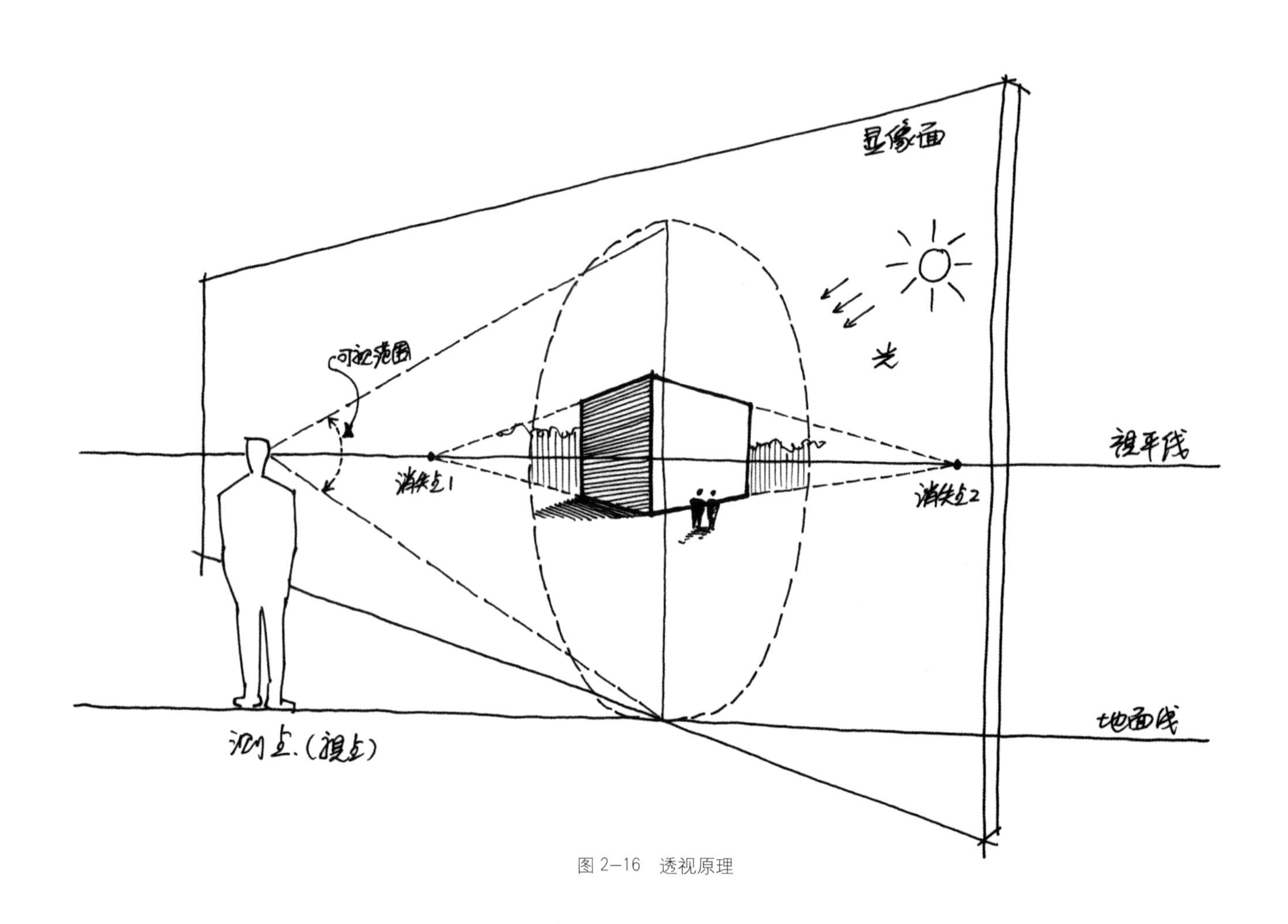

图 2–16　透视原理

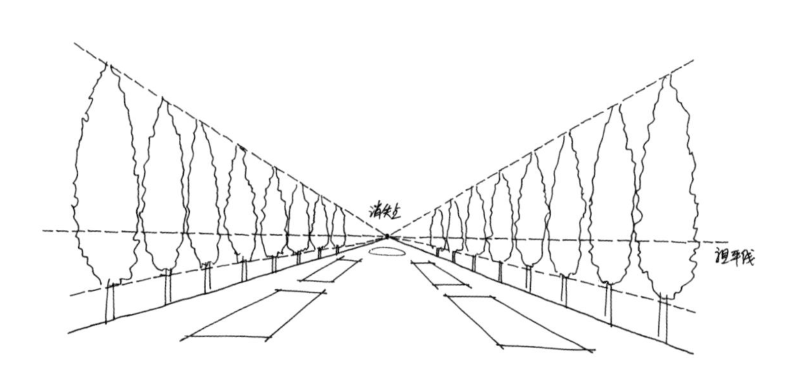

图 2–17　透视原则

1. 透视的基本原则

（1）近大远小，离视点越近的物体越大，反之越小。

（2）不平行于画面的平行线其透视交于一点，透视学上称之为消失点，也叫灭点。

要强调的是，我们在手绘设计的绘制中，必须保证在大的透视关系上避免出现失误，景观、建筑在大的形体结构和比例关系上基本符合透视制图的原理。所以，在实际绘制过程中，尤其是在实际的设计工作当中，由于时间和工具等客观条件的制约，多是凭经验和感觉（自己对透视规律的理解）来表现透视的。

2. 透视的基本方式与特点

（1）一点透视

观察者与面前的空间平行，只有一个消失点，所有的线条都是从这点投射出。

一点透视的特点

a. 适于表现较大的空间场景画面。

b. 消失点方向的选择，决定了绘制者在画面中所要重点表现的物象。

标准的一点透视（消失点在空间的正中间）表现出的效果难免会显得有些呆板、无趣，为了避免这种情况，同时也为了更好地表现设计的重点部位，我们可以采取"一点斜透视"的方式。消失点偏左，右侧的空间效果就表现得更多一些，反之亦然。

（2）两点透视

观察者与面前的建筑或空间成一定的角度，建筑或空间上所有的线条都源于两个消失点——左消失点和右消失点。

两点透视的特点

a. 较适于表现建筑或是场景的局部空间。

b. 在绘制两点透视的手绘图时要注意：左右两个消失点的位置不宜靠的太近，否则会不符合人正常观看物象的效果，看上去会显得很别扭。所以，一般两个消失点都在画纸以外的位置。

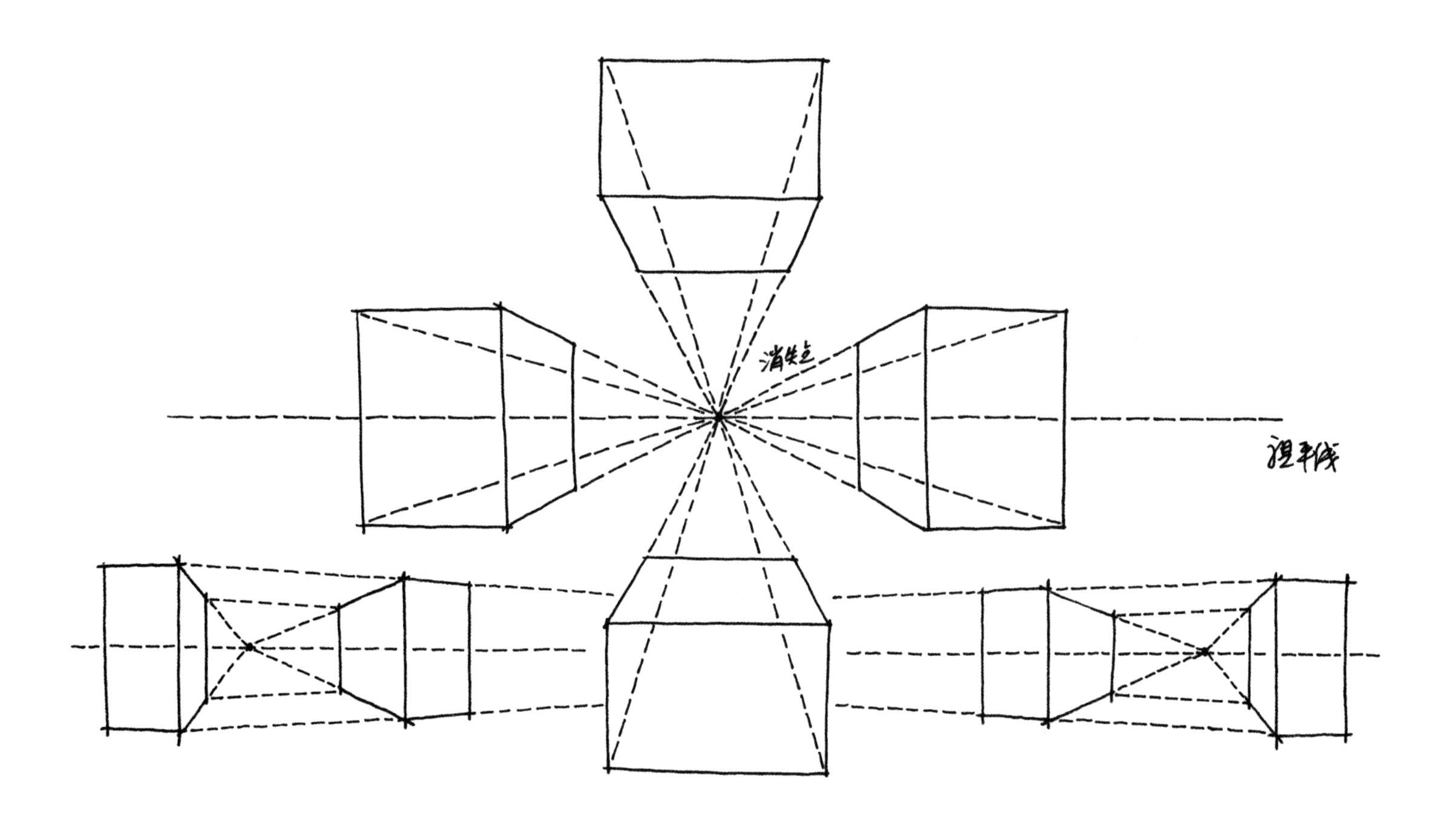

图 2–18　一点透视

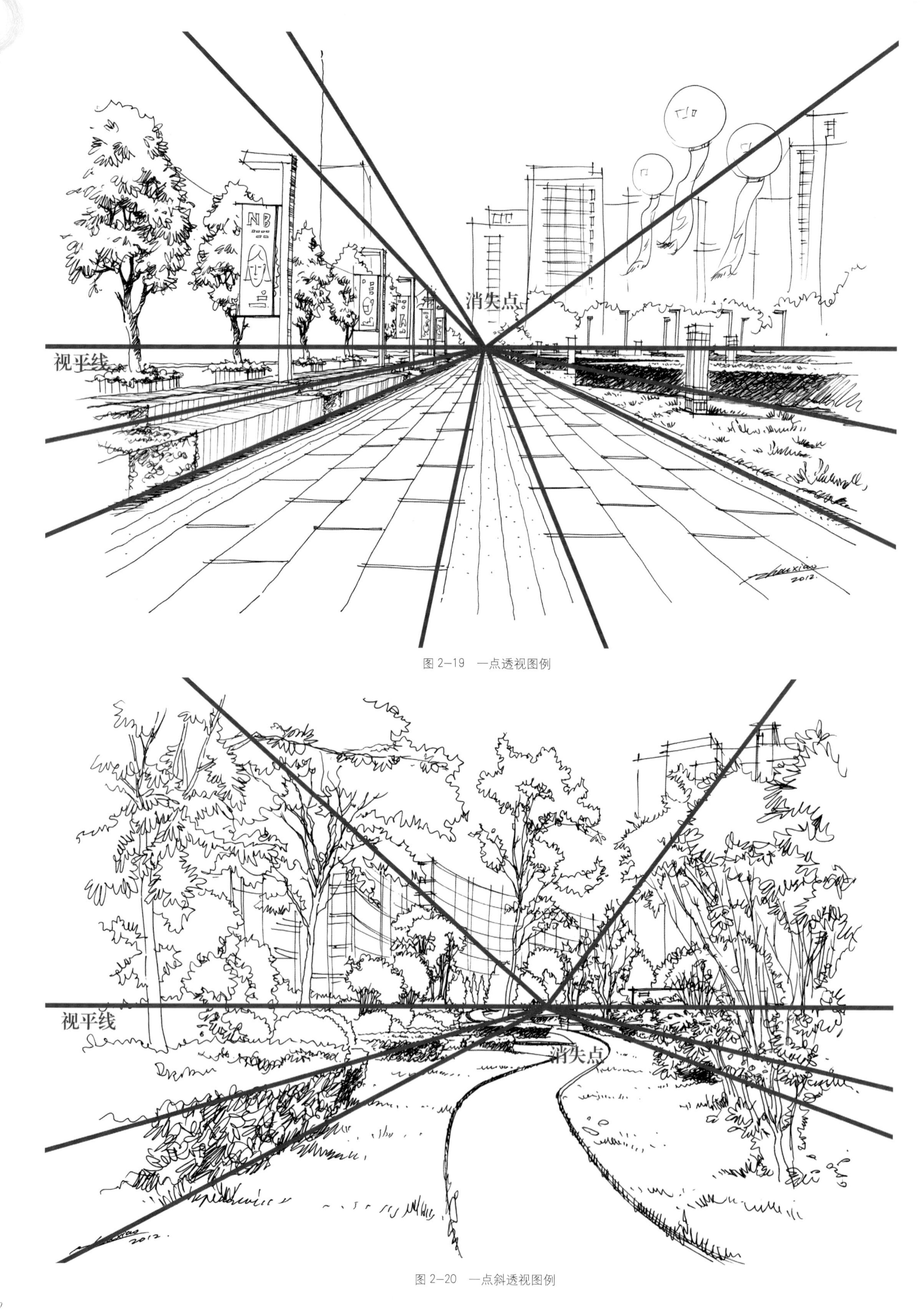

图 2–19　一点透视图例

图 2–20　一点斜透视图例

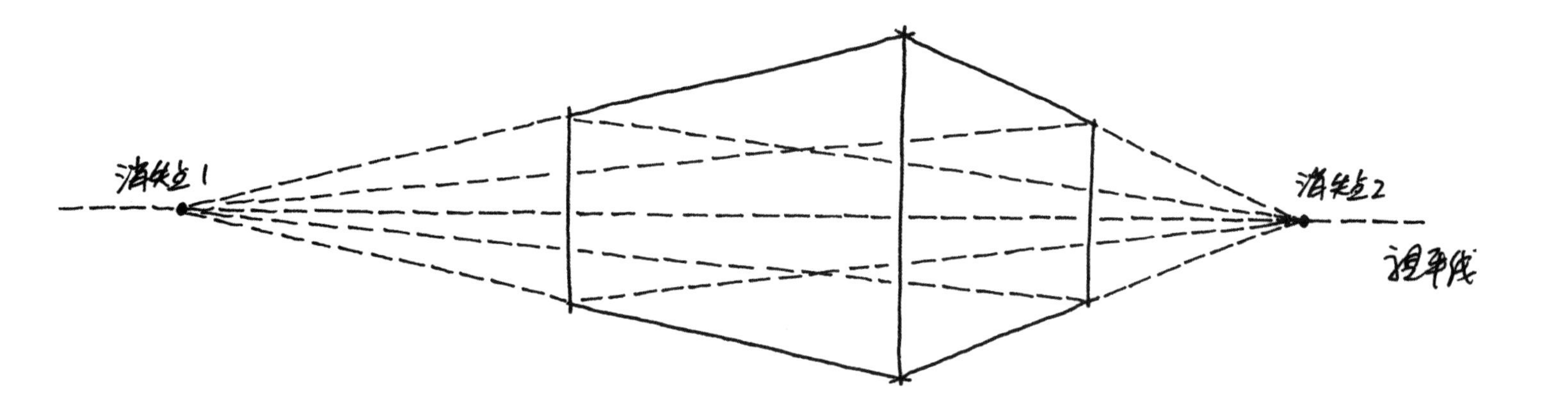

图 2–21　两点透视

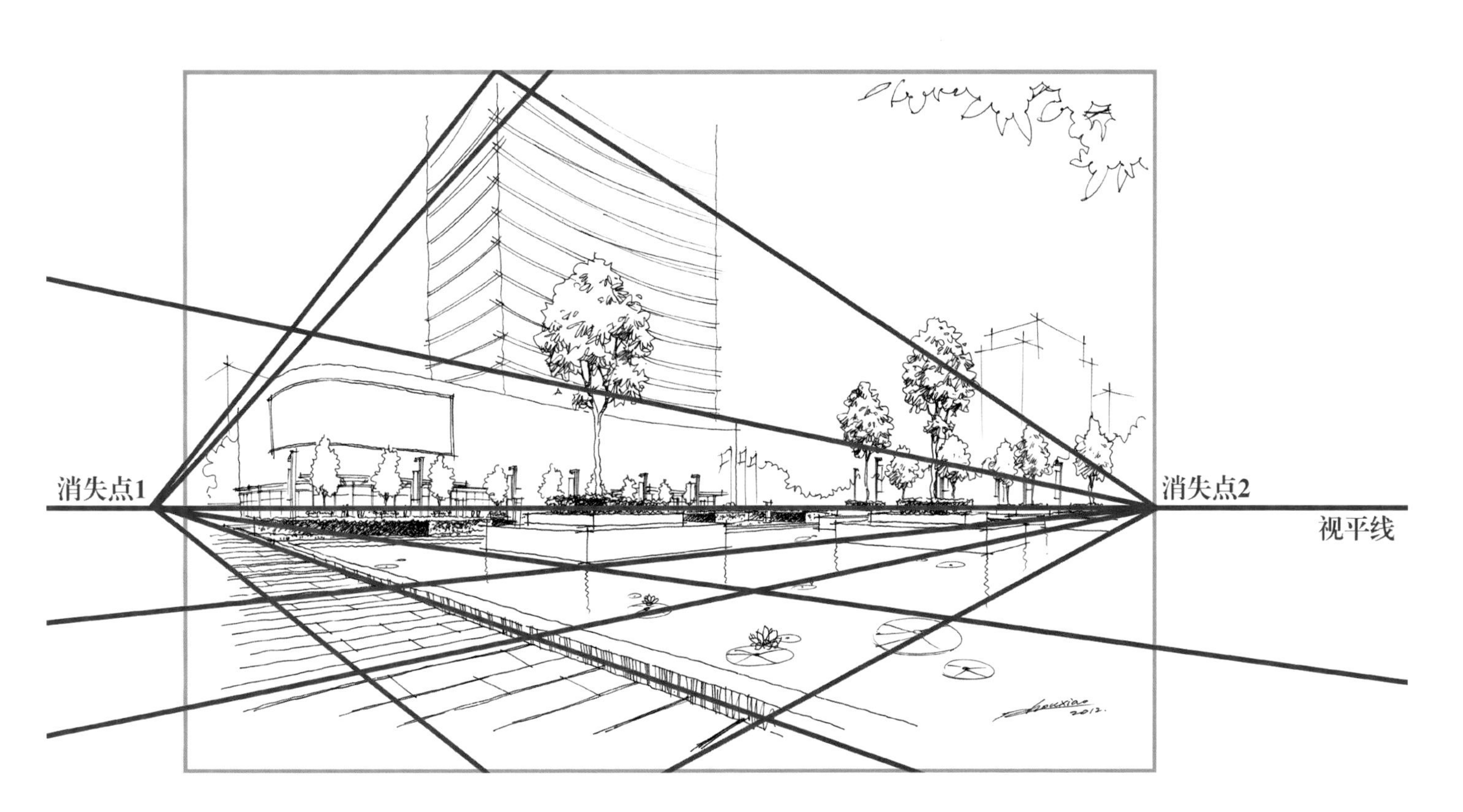

图 2–22　两点透视图例

（3）三点透视

三点透视和两点透视比较类似，由于观察者观看的角度较为特殊：仰视或是俯视，同时加上物体的尺度达到一定的高度，受到近大远小透视规律的影响，就会形成第三个消失点。所以能否形成三点透视，主要取决于两个方面的因素：观看的角度、物体的尺度。

三点透视的特点

三点透视比较适合表现整个园林景观设计区域的全貌效果，或是超高层建筑的外观效果。

注意：不是所有的"鸟瞰图"都是三点透视，只有在鸟瞰即俯视的同时，场地上又出现有高大的物体（大多为建筑物），能形成较为明显的近大远小透视变化时，才会形成三点透视，否则就只能是两点透视。

（4）圆形透视

圆形透视主要是应用于手绘图中一些圆形或椭圆形物体的透视表现。绘制的时候要特别注意画面中圆形物体的位置与视平线位置的关系。物体离视平线越远，透视越"圆"；物体离视平线越近，透视越"扁"。

3. 透视的观看高度

观察者所站的高度将决定对建筑或者其他对象的观察方式。

4. 透视点的选择与构图

视点的选择定位是一幅图中的效果关键，常规是所要表现的重点，就是最希望观者看到的部位。我们通过对透视的学习，知道一个物体的观看效果取决于两方面：观看的角度与高度，而透视角度的选择又取决于所要重点表现出来的内容，不同的画面内容（设计内容），所要重点表现的内容（设计重点）也不一样，所以正确的选择透视的角度与高度就很关键，它将直接影响到整个画面的构图。

除了视点的选择对画面构图有很大影响以外，我们还要了解一些常见的构图规律，如：主要物体的位置一般不要出现在画面的正中央，可以偏左或偏右一点，高度上也可以往上一点或往下一点，这样显得比较有变化，不会过于呆板；画面构图不要太满，四周要留一些白，以达到逐渐虚化的感觉；画面构图要疏密有致，在中国画的构图中有"密不透风，疏可走马"的说法，在手绘当中同样可以运用。

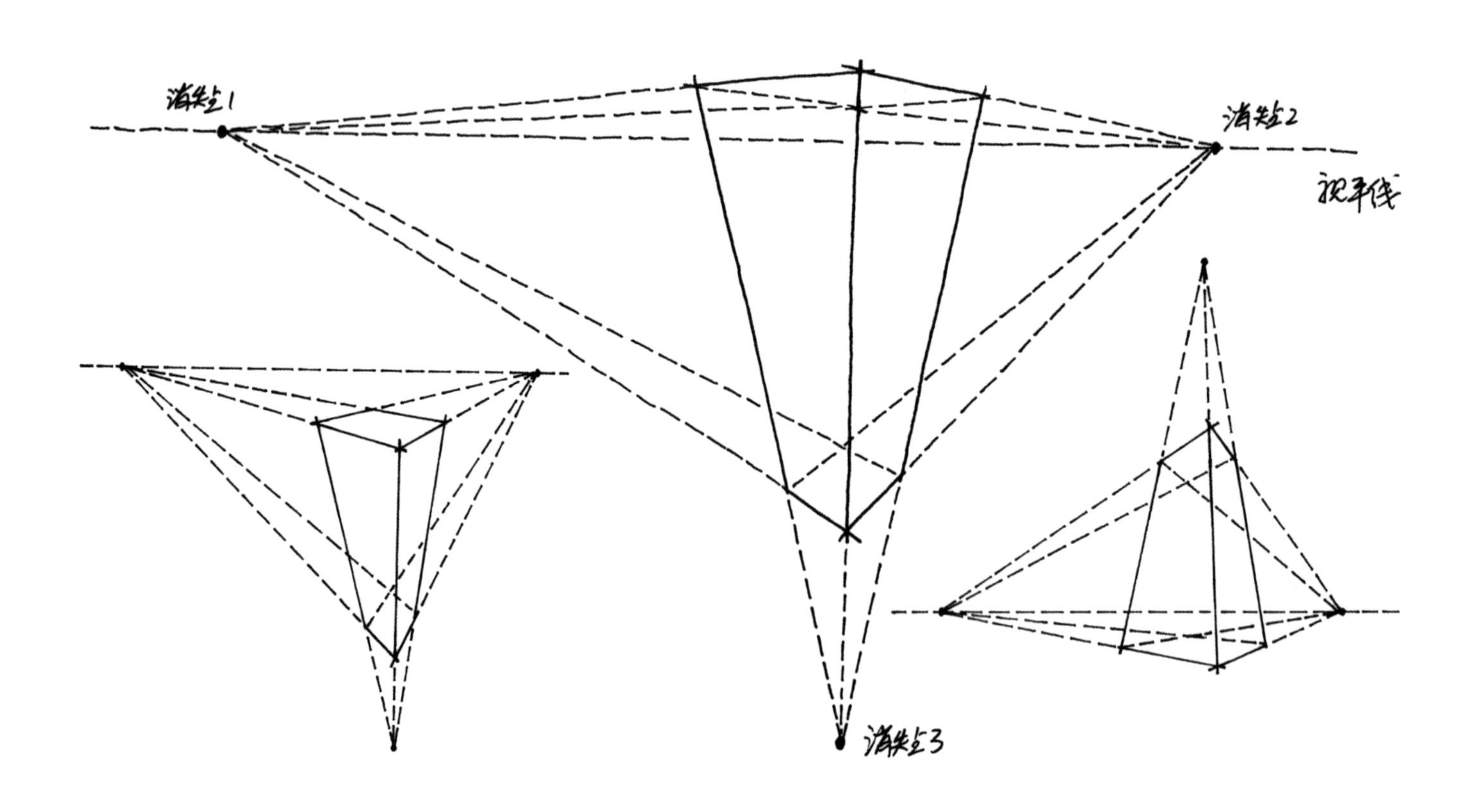

图 2—23　三点透视

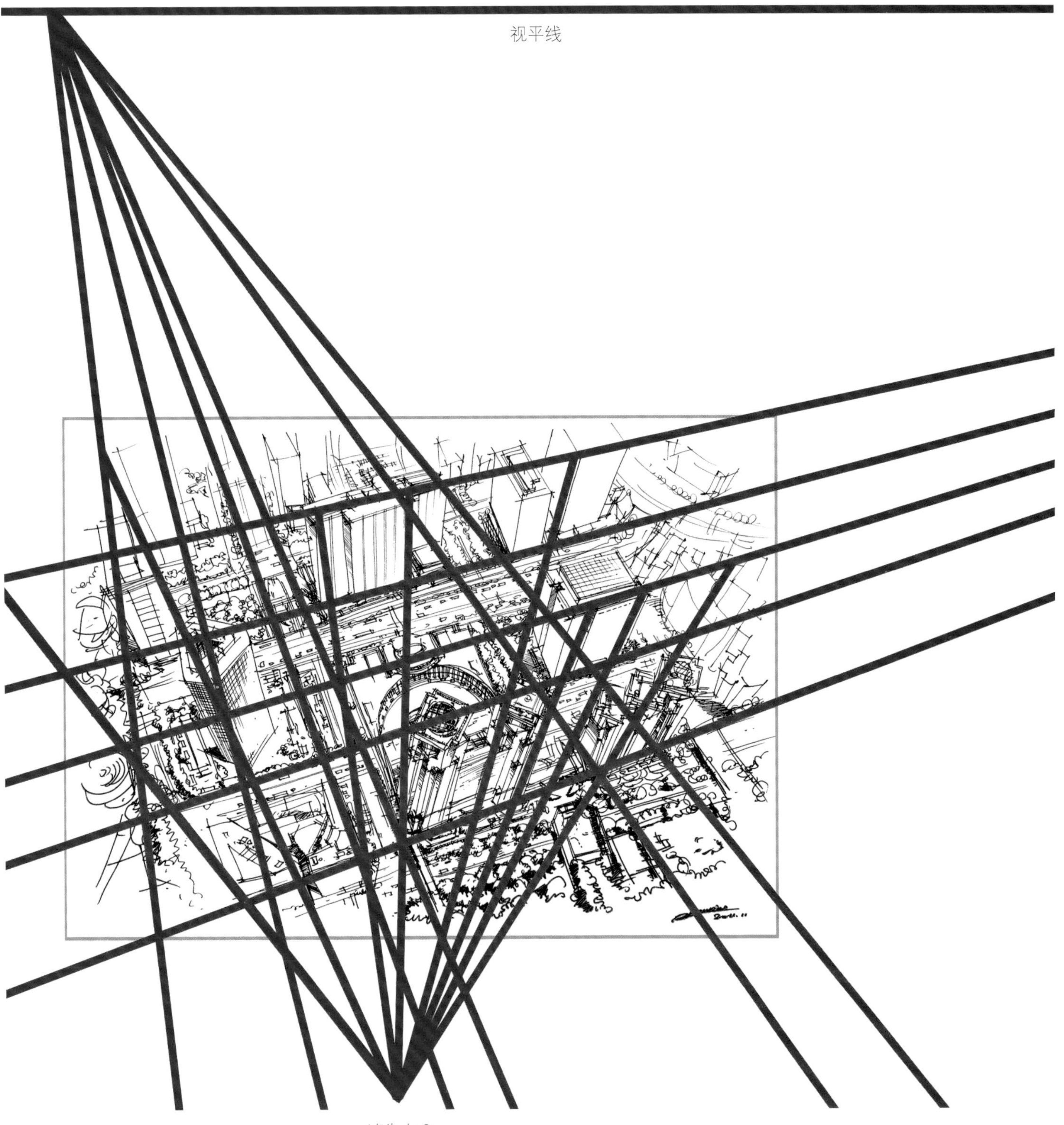

图 2–24 三点透视图例

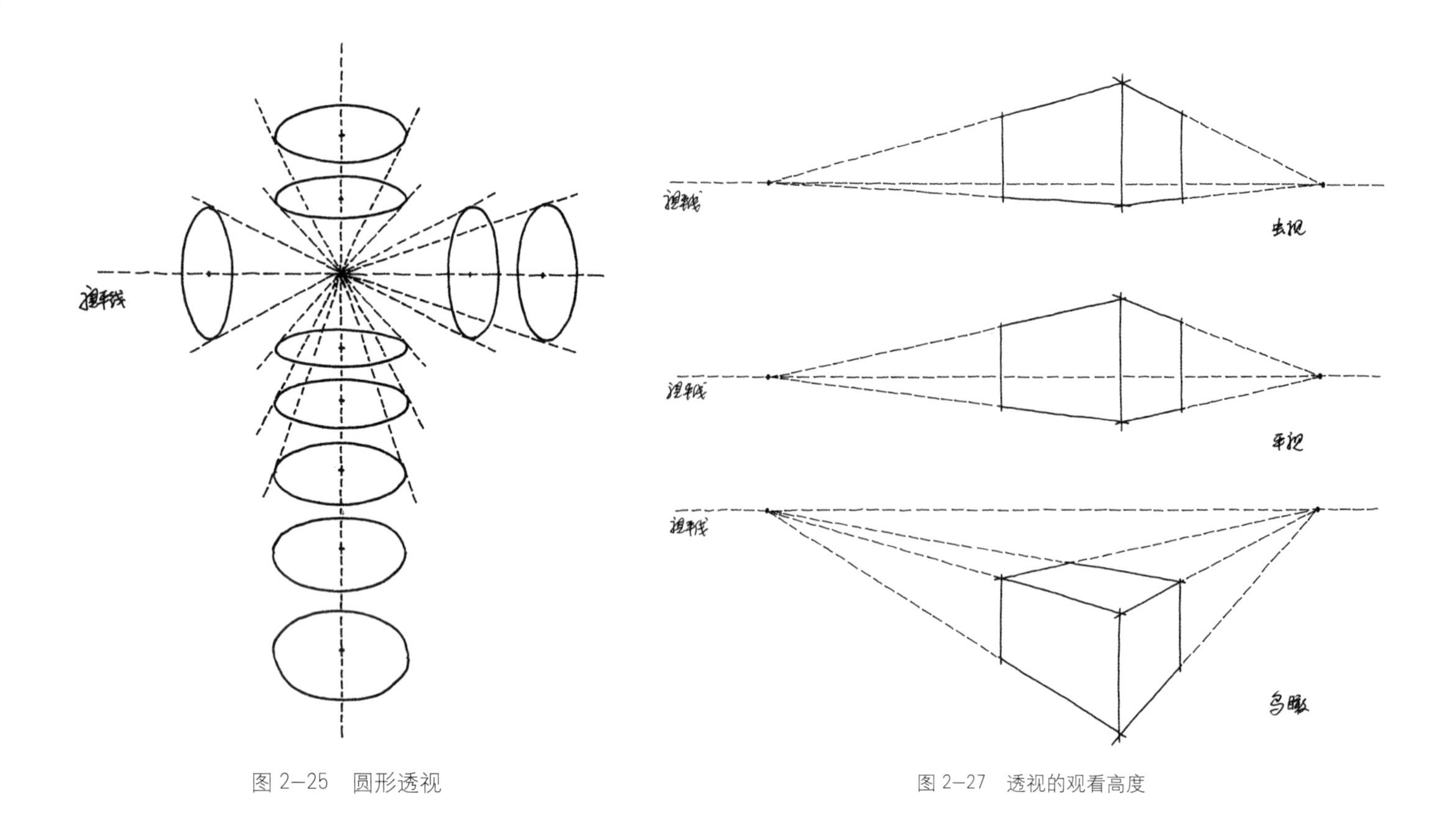

图 2–25　圆形透视

图 2–27　透视的观看高度

图 2–26　圆形透视图例

△重点表现建筑的构图

△重点表现景观的构图

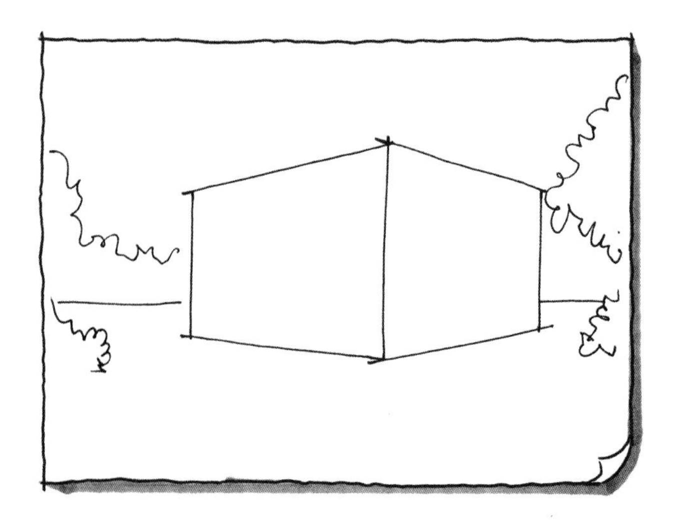

△构图太正、呆板、无趣

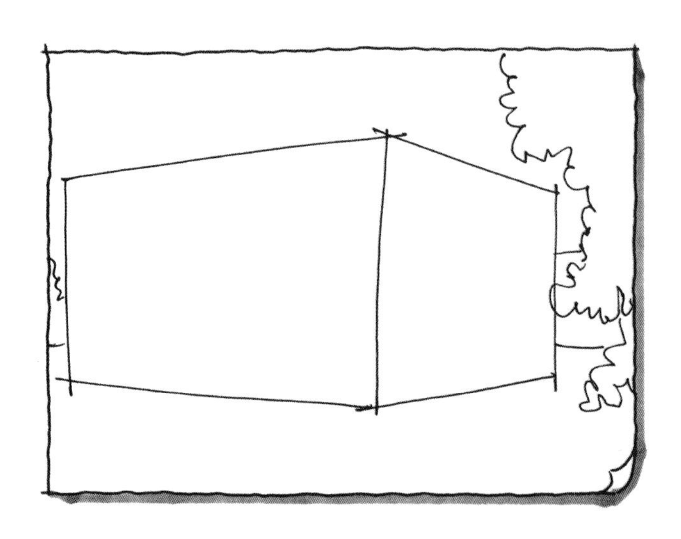

△构图太满，缺少空间感

△构图主次不分，面面俱到

△较合适和适宜构图

图 2–28 构图技巧分析

第三章

建筑风景速写与水彩

- 建筑风景速写
- 建筑风景水彩

建筑风景速写与水彩同手绘表现的关系非常密切。就表现形式而言，速写学习是我们进行基本功训练的良好途径，其能大大提高手绘的线描表现能力，水彩学习能为手绘的上色解决透明性质颜料色彩表现运用的能力（马克笔、彩铅、水彩都是透明性质的颜料，它们的上色步骤程序与技法有很多相似之处）；就表现内容而言，建筑风景正是我们学习园林景观与建筑专业的主要研究对象，通过建筑风景速写与水彩的学习，能为手绘学习打下良好的基础。

“建筑风景”主要包括自然景观与人文景观两个大的部分。自然景观主要是指比较原生态的先天自然存在的山、水、石、花草树木等；人文景观主要是指出于某种需要人工建设或改造的建筑、景观小品、水体、铺地、后天栽种的花草树木等，很多时候二者不是截然分开的，而是你中有我，我中有你。本书主要以表现侧重人文景观的建筑风景内容为主。

一、建筑风景速写

速写要求我们在较短的时间内，从繁杂具体的客观对象中用“线条”提炼概括出最典型的特征，好的速写作品既要表现物体场景的“形”，还要表现物体场景的“神”。不同的建筑风景，所呈现出的环境“意境”也是不一样的，如传统古典建筑给人以古朴、典雅、精细的感觉，而现代建筑则给人以简洁、时尚、明快的感觉。从表现形式上看，速写可分为线条速写、明暗速写及线面结合的速写，结合园林景观及建筑设计的专业方向，我们主要学习线条速写和线面结合的速写形式，即主要以“线条”表现的形式为主。

速写和线描比较类似，也是主要以线条的形式来表现画面内容，但两者还是有区别的：线描属于设计图纸的一种，相对比较规范，形体、透视、尺度、色彩、质感以及明暗的表现要求比较准确；而速写属于纯绘画作品的一种，可以自由一些，个人的感觉可以多一些，甚至可以采取一些夸张、变形的特殊表现手法，以便达到最佳的艺术效果。

在作画前，一定要清楚地确定出所表现的场景给人的意境是怎样的、需要重点表现的主要物体是什么、可以概括表现的次要物体是什么，这样才能有的放矢，用精练、概括的手法描绘出场景的主要特征，体现出速写高度概括、简洁、个性鲜明的特点。

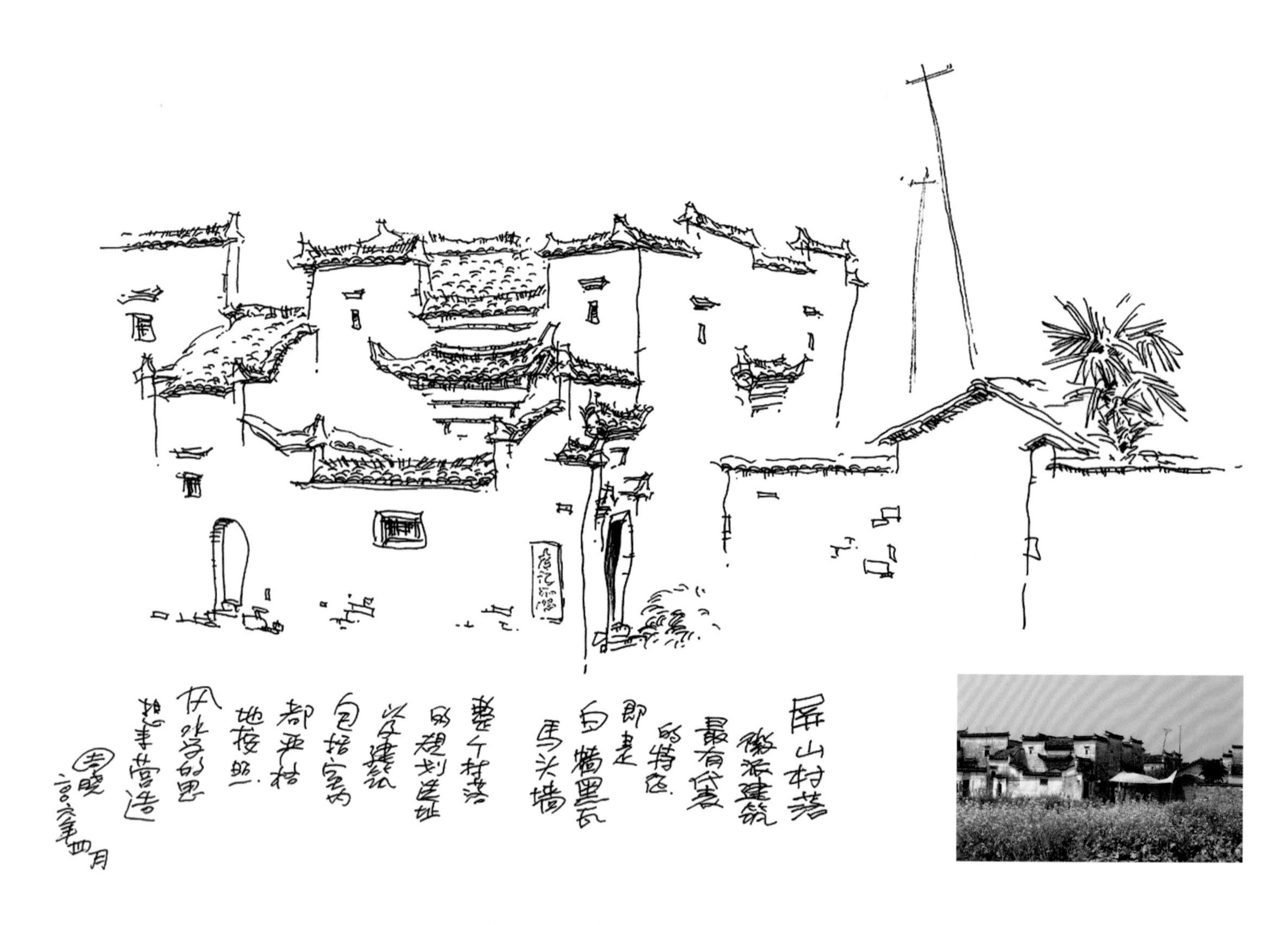

图 3–1　屏山村落　签字笔　复印纸

▲ 这是 2006 年春带学生在安徽写生实习时现场示范的一幅皖南建筑速写作品。屏山村，地处西递、宏村之间，因村北屏风山妆如屏风，得名为屏山村，素有“小桥流水、田园人家”的美称。屏山是皖南比较适合写生作画的一个村子，游人不多，宁静、淳朴，干扰很少。作品重点突出了徽派建筑的特点以及建筑与院落的相互关系，舍去了前面繁杂的植物。电视天线架的处理，打破了原本呆板的构图，使整个画面富有变化，生动、有趣。

图 3–2　南京总统府一角　签字笔　复印纸

▲ 该作品表现的是南京总统府景区中原两江总督署区域的一处场景，中国古典建筑与自然景观相映成趣，重点表现了中式古建的特点：斗拱、梁柱、门窗，屋顶瓦片以留白处理，概括、写意。

▶ 这幅作品是利用午饭前半小时完成的。上午的画作提前完成，临近中午，返回住处，被告之午饭尚早，于是就在旅店附近转悠，观此景，画之。可能也正是因为腹中无物、时间不多，作品高度概括、凝练，线条流畅、精准，虚实对比强烈。

图 3–3　西递门头　签字笔　复印纸

图 3-4　屏山宅院　签字笔　复印纸

▲ 这是位于村郊的一处大宅院，地势平坦开阔，建筑完整而大气。该作品主题突出，重点表现了皖南明清民居建筑的样式与特点，与画面主题无关的内容都舍掉，对建筑形体的主观处理使得建筑形象更为精神，晾晒的衣物又使老宅充满了生气。

图 3-5　南京总统府办公室　签字笔　复印纸

▲ 20 世纪初，南京的一些建筑受西方折衷主义建筑思潮影响，都争相效仿西方建筑形式，并以此为荣。这幢黄色西洋式平房是孙中山就任中华民国临时大总统时，即以此为大总统办公室，整幢建筑坐北朝南，七开间，具有较为典型的欧式建筑的特点，高耸的圆柱，雅致的雕饰，深邃的回廊，精巧的拱门，充分体现欧洲文艺复兴时期巴洛克式之建筑特色。作品也是力求表现建筑的造型特点与风格气质，庄重、典雅，却又不失欧式建筑的情趣。

图 3–6　小绣楼　签字笔　　复印纸

▲ 此处也是屏山比较经典的几处景点之一，这幅作品表现了木质绣楼和砖墙建筑相互倚靠并与石桥衔接的关系，其中重点刻画了绣楼的造型与结构，各种材质表现到位，略显破败的建筑与生机勃勃的绿色植物形成鲜明的对比。

▶ 这是村外小河边的一处大户人家，建筑群错落有致，用现在的话说就是别墅了，可以想象当时主人家的兴旺与富贵。作品表现了建筑之间组合穿插的关系，圆形门洞在整个画面中充当了“画眼”的角色，抽象的高大乔木变化了构图，丰富了画面，体现出建筑与自然的和谐。

图 3–7　皖南人家　签字笔　　复印纸

图 3–8　茶庄与竹器铺　签字笔　复印纸

▲ 宏村、西递被列为世界文化遗产后，成为著名的旅游景区，这给当地的村民们也带来了商机，很多人家做起了生意，其中又以依托地方资源的茶叶与竹工艺品最为行销。作品舍去无关的配景，用“笨拙”的线条表现民居古建所特有的意境。

▶ 这是位于南京江宁百家湖公园的一处景致，主要表现了略带欧式风格的八角亭以及周边的环境景观，棕榈树与柳树的外形特点表现到位，湖边柳树的枝条似乎有微风吹动的感觉，由于亭子在画面的正中央，所以用植物、汀步等变化、丰富了构图，避免了画面呆板无趣。

图 3–9　百家湖公园小景　签字笔　复印纸

▶ 庐山 283 号，是基督教“耶稣升天教堂”，建于 1910 年，建筑面积 398 平方米。教堂平面为十字型，是早期基督教教堂建造的三种规范格局之一，整个建筑较好的体现出哥特式建筑底蕴，简洁、明快、凝重，教堂的墙体用粗糙的石块堆砌而成，顶部用青石板铺瓦，充分发挥了石构建筑的力度与雄浑美，是庐山目前保存最完整的教堂。

该作品建筑主体突出，弱化了前面的植物，斑驳的石墙充满了沧桑感，彩色的玻璃窗体现了教堂鲜明的造型特点，镂空的石窗也很有特色。通过独特的笔触试图表现出那些经过岁月的洗礼、布满青苔的大块石材质感的同时，又表现出整个老教堂稳固、厚实又庄重、肃穆的感觉。

图 3–10　庐山 283 号老教堂　签字笔　复印纸

图 3–11　马头墙　签字笔　复印纸

◀ 站在村边的山包上望向村子，高大的马头墙与窗户、屋脊有如点、线、面的构成一般，近处紧紧攀附在墙面的藤蔓、茂盛的棕榈与远处的乔木采用不同的笔触表现出各自植物的外形特点，生动有趣，与古老的建筑在融合中又有对比。

◀ 这幅作品最能体现屏山村的特点，蜿蜒的小河由近及远，拉开了空间的距离，以小河为界，左实右虚，河面以留白处理，很好地突出了两岸的景物，画面表现了中国传统民居的小桥流水人家景象。

图 3–12 小桥流水人家 签字笔 复印纸

▲ 作品构图巧妙，以线条为语言艺术性地表现了皖南古村落的意境，生动的人物点缀活跃了画面的气氛，增加了趣味感。

图 3–13 宏村月沼 签字笔 复印纸

◀ 位于南京中央门的火车站，前临玄武湖，后枕小红山，环境景观优美。站房采用桅杆斜拉索悬挂结构，用 18 根桅杆支撑起横向钢梁，象一艘巨型帆船停泊在美丽的玄武湖畔，既具有江南文化特色，又融合现代气息。

图 3–14　南京火车站　签字笔　 复印纸

图 3–15　经贸学院校园景观一　签字笔　 复印纸

▲ 此处位于江苏经贸学院的中心景观区，静谧的水景、自由的植物、轻松的木栈道、翠绿的草坪、裸露的山石、曲折的小径点缀其间，形成一个大景观，与学院的标志性建筑图书馆相互辉映。

图 3–16　经贸学院校园景观二　签字笔　　复印纸

▲ 这是中心景观区的另一个角度，大面积的坡地草坪、生动的植物枝叶、灵动的水面、蜿蜒的木栈道及亲水平台共同构筑出校园一道亮丽的风景线。

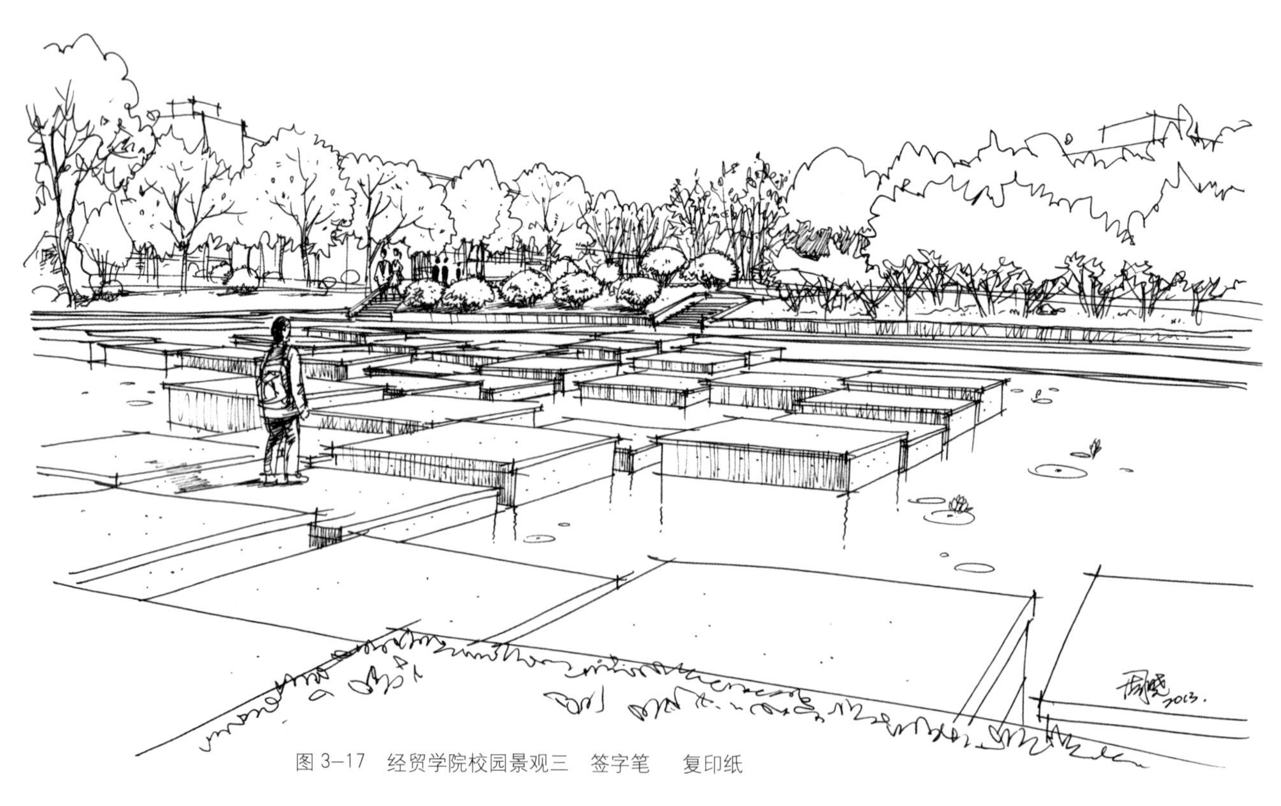

图 3–17　经贸学院校园景观三　签字笔　　复印纸

▲ 巨大的水中汀步平台高低错落，在提供通行功能的同时，也满足了人们亲近自然的需求。人物配景的表现，拉大了空间距离，烘托了校园氛围。

图 3–18 经贸学院校园景观四 签字笔 复印纸

▲ 林中小路，曲径幽深，乔木、灌木、地被植物相互组合与搭配，透过密密的树丛隐约可见背后的教学楼。

图 3–19 经贸学院校园景观五 签字笔 复印纸

▲ 对廊架小品及方亭的刻画是表现的重点，要准确把握好形体结构与透视关系。植物的用线要轻松而生动，不能过于拘谨。

二、建筑风景水彩

水彩画的颜料大多具有透明性质，在调和颜料时水的大量加入也使得颜料具有相当的透明度，这是水彩画最突出的特点，很多特殊的画法、技法以及作画的步骤、画面的效果也是因此而延伸出来的，所以水彩画的画面效果相比水粉、油画来说是比较清新、雅致的。在水彩学习中要把握好几个关键点：色彩、水分、时间，以及三者之间的组合关系。

“水”在整个水彩中起着至关重要的作用：第一，色彩即颜料的调和需要用“水”作为媒介，调和的方式有两种，一种是多色的变化，两种及以上的颜料调和在一起，每种颜料量的多少以及水分的多少都会影响到最后调和出的颜色效果，另一种是单色的变化，在颜料中，水加入的多少也会直接关系到颜色的深浅，水加入得越多，颜色越浅，这与水粉加白颜料变浅、提亮不同；第二，颜色的衔接也需要“水”，尤其是颜料的湿接对水分的多少以及时间的把握是重点；第三，整个水彩画面独特的艺术效果很大程度上也是通过“水”体现出来的，水分太多，画面泪流满面，水分太少，画面干涩、呆滞，缺乏灵气。所以，对水彩画的学习来说，水分多少的掌握是关键。

水彩画对时间的把握也是重点，特别是颜色湿接的时候，太早了，颜色完全融合到一起，没有了水色相互交融及色彩逐渐变化的效果；太晚了，颜色已经衔接不起来了，完全就是两种色彩并置或叠加在一起。对于水彩写生可以用“手忙脚乱”来形容，很多时候要求“一气呵成”，这也加大了水彩表现的难度。

要使色彩、水分、时间三者有机结合，正确的作画步骤、掌握基础的技法，加上大量的临摹及写生练习是有效的方法。这里介绍几种水彩的基础技法。

干画法：是在前一种颜色完全干透后加盖另一种新的颜色，形成并置、叠加的效果，笔触较为清晰、强烈。干画法最好使用透明性质较好的颜色，或是同类色，否则容易变脏、变灰。

湿画法：是在前一种颜色或纸张的湿底将干未干时趁湿接画另一种颜色，使两色形成很自然的衔接与过渡变化，笔触较为含蓄、柔和。湿画法要求对水分与时间的把握都比较到位，基本都是一次完成，再次修改与衔接的难度很大。

图 3-20　水彩工具

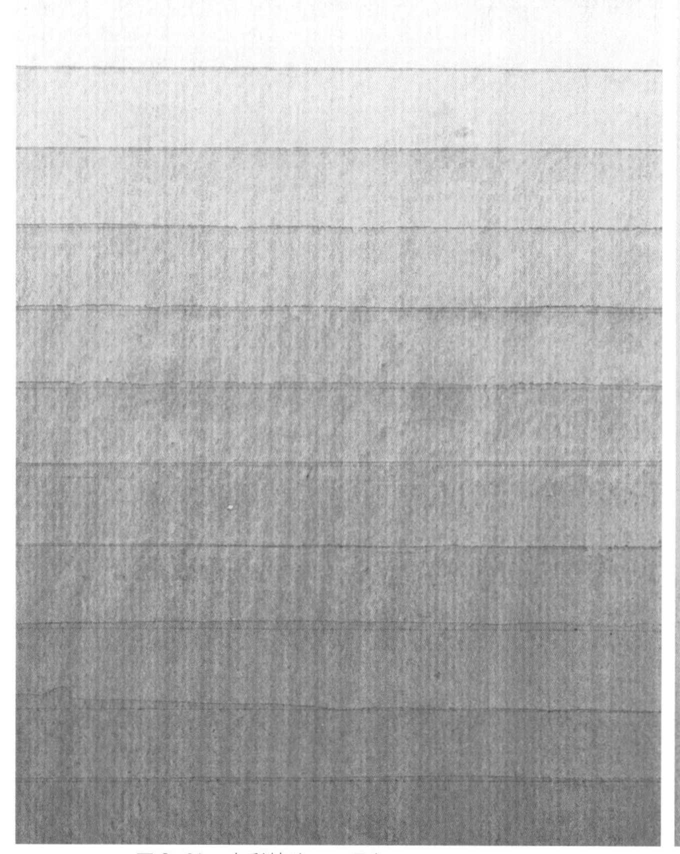

图 3-21　水彩技法——叠加

图 3-22　水彩技法——退晕

叠加：主要是运用干画法，等第一遍色干透后再上第二遍色，通过多次的叠加，形成色彩的变化。叠加的次数不宜过多，一般最好不要超过三遍，否则颜色会显脏，透明度也会大大降低。

退晕：也叫渲染。主要是运用湿画法进行由浅到深或由深到浅的色彩均匀的过渡变化，退晕有单色退晕与多色退晕两种形式。单色退晕是在单色中逐渐加水或加色再涂色的过程，利用水与颜料的多少进行自然、柔和的衔接渐变。多色退晕是用两种以上的颜色表现的不同色彩之间逐渐变化的效果。

留白：一方面，与水粉、油画不同，水彩中的高光、亮面主要是通过留白的方式表现的，另一方面，画面的边角、概括及虚化的物体也可以留白表现。

正是由于水彩颜料透明的特点，水彩画的上色作画步骤总的来说是先浅后深，先上后下，先远后近。先浅后深是指先画最浅的颜色，再画较深的颜色，最后画最深的颜色。因为深色能覆盖浅色，浅色却不能覆盖深色。先上后下是指上色时，先上画面上半部的颜色，再逐步往下画，特别是运用湿画法时，最好画板应有一定的倾斜度，这样水色相互渗化、交融，利于色彩与笔触的自然衔接。先远后近是指一般应先画远处的景物，如天空、远山、远树，再画近处的建筑、景观小品等近景。这样便于控制大的色彩与空间关系。由于水彩颜料的覆盖能力较弱，对造型与色彩的准确性要求比较高，很多时候一旦画错，就很难修改，特别是深色的地方。所以作画前，要根据画面表现的内容，预先确定好整个步骤的先后程序，以及运用何种相应的技法，这样往往能取得好的效果，减少失误。

这是屏山村的一景，近景中景远景层次分明，作品以表现人文景观建筑民居为主，自然景观树木花草为辅，力求通过水彩的语言形式表现皖南山村田园人家的风土人情。

图 3–23–1 《静静的山村》步骤 1

图 3–23–2 《静静的山村》步骤 2

∧ 首先取景构图，对所表现的客观对象要有概括取舍，要进行艺术加工，动笔之前多观察多分析，确定表现的重点以及主要的技法，做到心中有数；接着用 2B 铅笔轻轻起稿，确定位置及大小，不要画得过细，只需勾画出大的形体轮廓即可，尽量不用或少用橡皮，以免破坏画纸表面纤维，影响作画效果。

∧ 开始上色，先从天空画起，由远及近，趁湿衔接出远山和远树，用天空衬托出近处主要建筑的轮廓，用湿画法在表现建筑大体色调的同时，略微表现出其中微妙的色彩变化，稍后，用干画法刻画出主要建筑的门头。整个上色过程，是由浅入深、先上后下的，先上浅色，后上深色，先画上面的内容，再画下面的内容。

图 3-24-3　《静静的山村》步骤 3

< 继续表现主要建筑以及院墙的屋檐、门窗等，接着用羊毫笔表现近处的植物和路面，用笔要大胆、轻松、活跃，要表现出色彩之间的变化，顶部亮面要注意留白，点状的笔触一方面自然、生动地表现出油菜花的花朵，另一方面又丰富、变化了画面，然后用狼毫笔以干画法刻画出建筑前面的小灌木，用笔要有灵气，不能呆板、僵硬。

图 3-24-4　《静静的山村》完成图　水彩　法国康颂水彩纸

∧ 继续表现建筑及院墙的暗部及投影，用干画法深入刻画出墙面的质感和屋檐的细节，最后细心表现出院墙后面植物的枝叶，对整个画面调整收拾，完成。

对建筑风景速写与水彩的学习，除了一定量的临摹练习以外，主要应该以写生的训练方式为主，在建筑风景写生的实践中不断得到视觉审美的发现和充实，提高绘画表现能力。尤其是对于园林景观、建筑、规划以及环境艺术设计专业的同学，自然的视觉审美训练可以丰富我们对画面、构图以及色彩的认知能力，培养我们在专业设计中掌握视觉审美的艺术经验和原则方法。

关于写生，在本书下册《实战应用篇》的相关章节中有专门撰述，这里不再复述。

这是在西递的小巷中画的一幅作品，主要表现巷子右侧的高墙以及稍远处的宅院门头入口。世界文化遗产的宏村、西递是旅游胜地，小巷中来往的中外游客络绎不绝，越来越多，所以作品要紧抓第一眼感觉，果断下笔，一气呵成。

▶ 还记得当天风和日丽，上午的阳光毫不吝啬地倾泻下来，左侧院墙是受光面，与右侧的背光面及在石板路上的投影形成强烈的对比，我有意强化了它们之间的冷暖对比，提高了色彩的纯度，使得整个画面色彩鲜明，充满了阳光的味道。宅院中伸出的枝叶是整幅作品的趣味中心，右下角用牙刷喷出的色点既表现了墙面斑驳的质感，又丰富了画面笔触的变化，最后干画的重色拉开了空间的距离，起到了点睛的效果。

图 3–25 《皖南印象一》 水彩 法国康颂水彩纸

图 3–26　《皖南印象二》　水彩　法国康颂水彩纸

▲ 这是宏村月沼后面一处较大的场地，有点小广场的意思，视线较为开阔。四月的皖南山区，天气就象小孩的脸一样多变，清晨还见朝阳，不多会儿就已是乌云密布，阴沉下来，不时还飘落些细雨，让人感觉到丝丝寒意。所以整个画面呈现出一种蓝紫灰色的冷调，作品在把握这种大色调的同时，又微妙地表现出冷暖色彩的变化，重点刻画了左边的宅院与中间的几株紫红色灌木，这幅《皖南印象》似乎又在传递出皖南民居的另一种感觉，苍老的古建筑凄凉、忧郁地矗立在风雨之中，诉说着他们曾经的故事。

图 3–27　《江南山水》　水彩　法国康颂水彩纸

▲ 这是一幅表现自然山水风景的作品，画面层次分明，景致丰富，干湿画法运用得当，特别是三重远山的处理是关键，右上角的枝叶平衡了构图，加强了空间的对比，最后用狼毫小笔勾画的远树线条与大块湿画的色彩形成对比，整幅作品表现出江南一带青山绿水的大好风光。

图 3-28 《南湖》 水彩 法国康颂水彩纸

▲ 宏村始建于南宋，地势较高，经常云蒸霞蔚，有时如浓墨重彩，有时似泼墨写意，好似一幅徐徐展开的山水长卷，因此被誉为“中国画里的乡村”。 这里湖光山色与层楼叠院和谐共处，人文景观与自然景观相得益彰，是世界上少有的古代有详细规划之村落。宏村是一座奇特的牛形古村落，南湖（牛胃）整个湖面呈大“弓”形，“弓背”为两层湖堤，上层宽四米，贯穿湖心的长堤如箭在弦上，一座拱桥如同羽族。湖面浮光倒影，水天一色，远峰近宅，跌落湖中。有诗云“无边细雨湿春泥，隔雾时闻小鸟啼；杨柳含颦桃带笑，一边吟过画桥西”。

在我看来，水彩恰恰最适合表现此情此景，画面中湖面、村落、画桥、长堤、古树、远山交相辉映，水色交融，云雾缭绕，有如仙境；在远山将干未干时通过水分的自然渗化巧妙地衬出古树生动的轮廓；整幅作品体现出宏村南湖幽深、雅静、清新、明丽的意境。

第四章

徒手黑白线描稿

- 徒手线描稿的重要性
- 徒手线描稿中的“对比”
- 临摹是学习手绘最重要的方法之一
- 徒手线描步骤
- 徒手线描作品

一幅手绘作品的绘制过程，主要就是两步，一是线稿，二是上色。我们现在先具体来讲讲黑白线描稿。准确地来说，黑白线描稿分为两种：一种是很有韵味的徒手线稿，另一种是借助尺规工具的正规稿。

徒手线稿完全是以徒手的形式来完成，由于不用借助尺规工具，能大大提高作画的速度，线条的变化更为丰富，作画者的思绪与感情能更多地在画面中体现，整个作品的艺术感染力也更强，但它难度较大，对作画者的基础、水平与能力都有一定的要求。初学者切不可一味追求"潇洒"的画面感觉，在"功力"还不到位的情况下，仓促上手，比如有的同学直线都还没完全画好，画出来的全是弧线；有的同学对透视与尺度比例的感觉与经验还不够，盲目徒手表现，那最后的效果可想而知。

正规稿不是完全借助工具来完成的，而只是部分线条借助，如建筑物等物体的形体结构大多就是规整方正的，适合借助工具来绘制，而植物等物体的形体与质感就只能是徒手线条来表现了。正规稿虽然作画速度要慢一些，但它比徒手线稿更为准确、严谨，尤其是在透视与尺度比例上，准确度要大大提高。对于初学者而言，这种线稿难度较小，相对容易掌握，建议先从正规稿入手，把正规稿画好了，再逐步过渡到徒手线稿。我们在实际运用中，其实这两种线稿并不是截然分开，多数时候往往是相互融合在一起的，根据情况的不同，来选择是徒手线条多一些，还是尺规线条多一些。

图 4–1 《芬兰科学中心》 针管笔 复印纸

图 4–2 《老别墅的故事》 签字笔 复印纸

一、徒手线描稿的重要性

黑白线描稿是一幅手绘作品成败与否的关键，它的好坏直接关系到作品的最终效果。

首先，设计方案当中主要的设计内容都是通过线稿体现出来的，如造型、结构、功能布局、交通流线、空间组织、植物配置等；其次，设计空间中的形体、结构、透视、层次等也是通过线稿表现出来的；再次，后期的上色大多都是以透明性质的颜料为主，如马克笔、水彩、彩铅等，在上色完成后，线稿的好坏依然能清晰的在画面中体现出来；最后，特别是在实际的设计工作中，由于作画时间等客观条件的制约，我们不可能有很充裕的时间来进行深入细致的上色表现刻画，只能是快速地进行大效果的上色。

所以甚至可以这样说：黑白线描稿画好了，你的这幅手绘作品也就成功了一大半！尤其是在快速手绘设计表现中更是如此。建议初学者首先还是要脚踏实地的打牢扎实的线描基本功，切不可线描还没解决好，就急于开始上色，循序渐进乃是正道。

图 4–3 《小景》线稿 针管笔 复印纸

图 4–4 《小景》色稿 针管笔 马克笔 彩铅 复印纸

如果表现的空间环境较为复杂，或是画纸幅面较大，就要选择不同型号的针管笔，采用不同粗细的线条来表现不同的内容：0.3 一般画空间的结构线以及主要物体（如建筑物等）的外轮廓线，0.2 一般画景观小品与主要植物的外轮廓线，0.1 一般画景观小品的内在结构与图案花纹、材料的肌理质感、次要物体、远景植物、人物与车辆点缀等。当然多数时候，像常见的 A3、A4 幅面大小的手绘图，用同一支笔来勾画完成就可以了，线条的变化主要还是以轻重缓急的方式来表现的。

二、徒手线描稿中的“对比”

“对比”或者叫“比较”是我们在整个作画过程中要时刻注意的，在线稿阶段主要表现在三个方面：

1. 远近关系的对比

没有远近虚实的对比就不会有空间感，分布在空间中各个物体的位置是不同的，近处的物体由于能看得比较清晰具体，所以可以表现得比较深入细致，但也不要一次性画到位，而要根据整个画面的效果依次调整、逐渐深入；反之远处的物体则可以概括取舍一些，甚至不刻画它的明暗关系，这就是所谓的“近实远虚”，远近关系表现好了，才能更好地表现画面的空间感与层次感。

2．黑白灰关系的对比

这里所讲的黑白灰的关系，既包括单个物体的黑白灰（素描关系），也包括整个画面的黑白灰。单个物体黑白灰关系的表现要服从整个画面黑白灰关系的表现，并不是每一个物体的黑白灰关系（素描关系）都要表现得很到位，而是更多地要从整个画面的效果出发，主要物体的黑白灰关系表现可以强烈一些，次要物体的表现则可以弱化一些。该暗（黑）的地方一定要够暗（黑），该亮（白）的地方一定要够亮（白），否则画面就会显得很“灰”，因为黑与白都没有了，也就没有层次了。要注意的是，白在手绘线稿中主要是以“留白”的形式来表现的。

3．材料质感的对比

空间当中不同的物体它的材料是不同的，每种材料的质感也是不同的，在线稿中要运用不同的线条来表现不同材料的质感；同样，画面中出现的不可能都是同一种线条，都是直线，或都是弧线，否则整个画面就会显得很呆板、缺乏变化。如建筑物、景观小品等比较规整、硬朗的材质就适合用直线来画，植物、水体等比较柔软、自由的材质就适合用弧线或特殊线来画。其实，表现材料的质感，一方面要靠线稿的不同线条来表现，另一方面还要靠上色的不同工具来表现（在后面章节中有具体说明）。

所以我们在线稿表现时，包括上色，都要从整体出发，不拘泥于每一个局部细节的刻画，要处理好主次关系、虚实关系、黑白灰的关系，线条要根据物体的不同而有相应的变化，不能画得面面俱到、生硬、呆板。

图 4–5 《公园景观》 针管笔 复印纸

图 4-6　《石桥》　签字笔　复印纸

三、临摹是学习手绘最重要的方法之一

临摹是一种非常好的学习方法，尤其是对于初学者而言更是如此，手绘的学习首先就应该是从临摹开始，无论是线稿，还是色稿。所谓的临摹是指对照范图，不折不扣、一丝不苟、完整地将其临摹到位。临摹是初学者学习的“捷径”，是最快捷的技法学习方法。是在前人和他人的成熟经验基础上，吸取营养，学习他人的优秀表现技法与技巧。临摹能够迅速而有效地提升表现力和造型能力。

▲ 怎样临摹范图？如何选择范图？

我们在临摹时，一定要带着问题去临摹，先分析原作，捕捉其运笔规律和技巧，更要理解其作品的内涵，边想边临，边临边想。如画面是如何处理的？物体是怎么表现的？线条是如何变化的？色彩是怎么选择的？笔触是如何走向的？等等，这样临摹的次数多了，自然就能逐渐掌握其中的技法技巧与表现规律。

不能纯粹只是“照搬照抄”、“依葫芦画瓢”，不能满足于“画得像”，而是要搞清楚“为什么能画得像？”、“怎样才能画得像？”，一定要用心体会范图作品，只有这样才能取得事半功倍的效果。这就是为什么在实际学习中，学习一段时间后，基础差不多、练习的数量也差不多的学生，有的进步神速，有的却止步不前，究其原因，很大程度上并不是自己不用功，而是没有带着问题去临摹，没有分析理解，没有思考，是“死临”。“死临”追求的唯一目标就是和范图画得一模一样，这是不对的，是对临摹学习的误解。

“死临”的作品在临摹阶段与“活临”的作品看不出有什么大的区别，可一旦进入到写生乃至设计创作阶段的时候，“死临”的学生往往就画得很糟糕，甚至不知该如何下手，因为此时已经没有一张直观具体的范图摆在你的面前让你照图作画了，而是要靠自己从临摹中学习掌握的技法技巧与规律来表现了，依靠的是之前的理解与积累。所以，在手绘的学习过程中，经常有针对性地“活临”一些优秀的范图范画作品是很有裨益的，它所起到的作用就是让我们尽快上手，学好基本功，非常快捷、实用，为接下来的写生和设计创作打下良好的基础。即便对于“高手”而言，“活临”也是需要的，只是高手除了动笔直接画以外，还可以通过“解读”的方式来学习，所以我们时常看到有不少人在一幅艺术作品前会观看很长的时间，他们在细细地品位、解读。

作为初学者，在范图的选择上我建议一开始最好选择较为规范工整和严谨的范图，这样的范图不管是在线稿，还是在色稿上都比较利于临摹学习。尽量不要选择个人风格太过明显的作品作为临摹的对象。等到已经具备一定的手绘基础与功底后，

图 4–7 《上海科技馆》 针管笔 复印纸

图 4–8 《单体小品》线稿 针管笔 复印纸

图 4–9 《小景组合》线稿 针管笔 复印纸

再多接触一些其它不同风格的手绘作品。

在选择范图时，一定要考虑自己的专业方向，结合自己的学习内容、学习目的和自身基础，有针对性地选择适合自己需要的范图。还要注意范图的科学与适用，不是每一幅优秀的手绘作品都适合初学者作为范图来临摹的，要选择入手容易，运笔易掌握的范图。同时还要求范图的画面可控性强，笔触流畅、技法娴熟、个性鲜明，观之有趣，能激发初学者产生动笔的冲动，容易上手。此外，须注意范图使用的延续性，用于手绘线稿练习中的范图最好也可继续用于手绘色稿的练习，有利于初学者进行前后对比，迅速提高，也能节省练习的时间。

图 4–10 《古建天井》 针管笔 复印纸

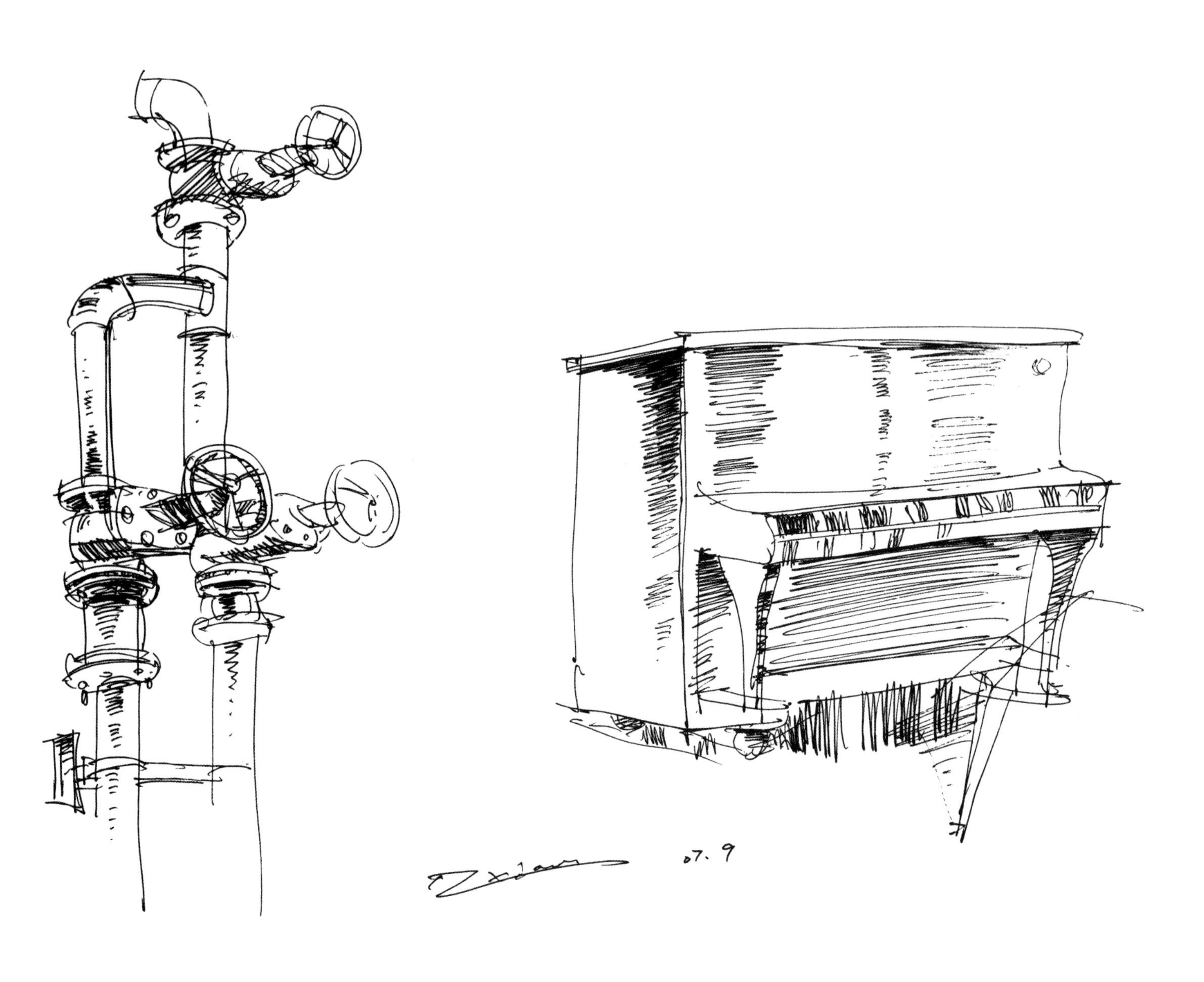

图 4–11 《随笔》 签字笔 复印纸

图 4–1、图 4–7、图 4–10 是本人大学期间的几幅线描作品，以照片写生的方式完成，画面严谨细致、刻画深入。建议初学者在线描学习的初期，还是要更注重线描准确性的问题，首先要解决好诸如：空间透视、构图、尺度、形体轮廓及结构的问题，不要一上来就过于追求潇洒、随意的感觉，要知道，这些感觉是建立在线描准确性的基础之上的。刚上手画时，可以画慢一点、画准一点、画细一点，先求准，再求快！随着练习数量的增加，逐渐熟能生巧，就能画得又好又快了。

对于基础较弱者，可以一开始采用“拓图”的方式来练习线描：选择一张较为合适的实景照片图片，复印或黑白打印后，用硫酸纸蒙在上面进行拓画，针管笔、A4 纸为宜。另外，练习线描不一定都得画园林景观或建筑，在时间与条件不充分时，也可以随时随手勾画身边的生活物品及场景。

四、徒手线描步骤

一、单体表现解析

图 4–12　单体表现解析 1

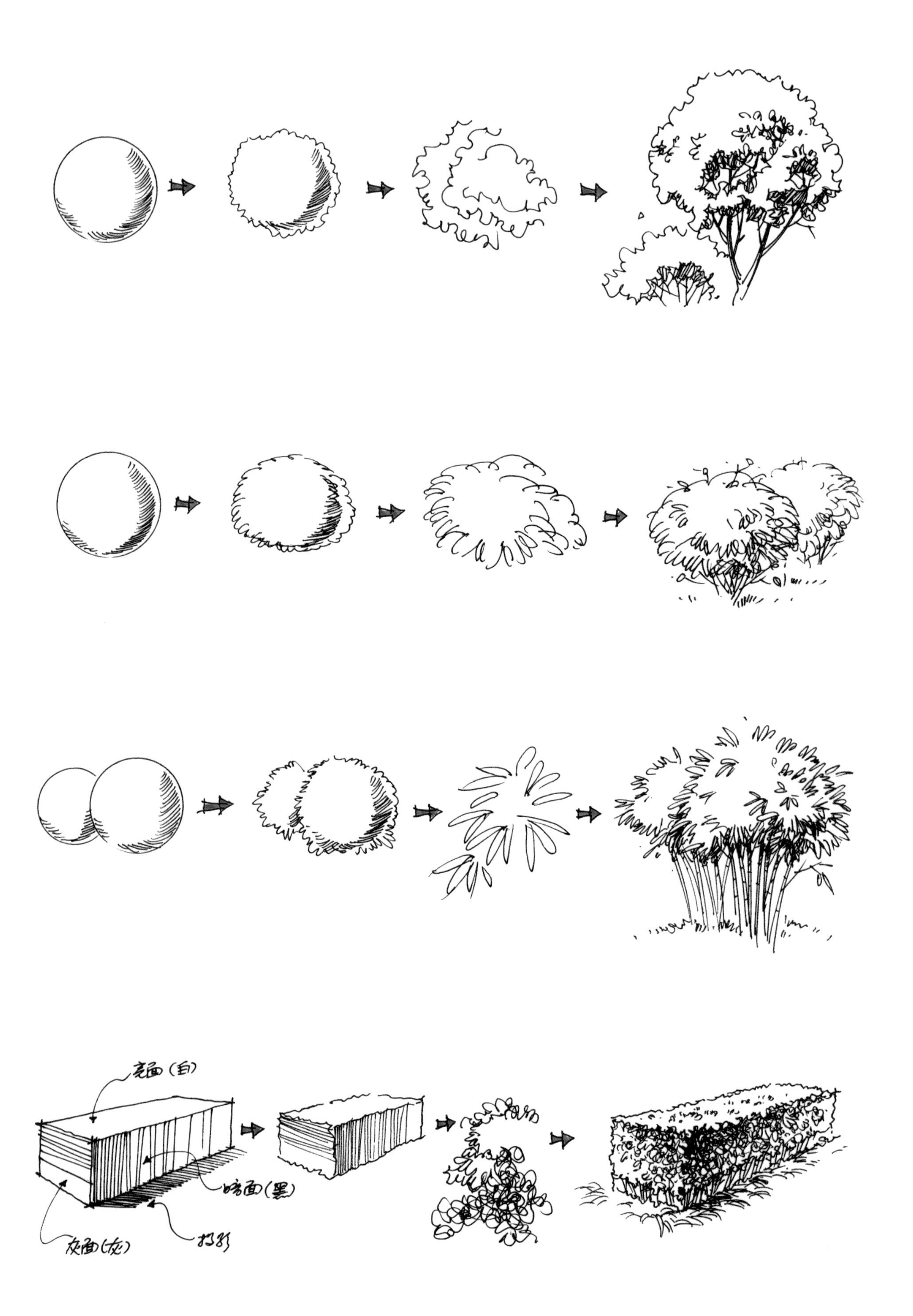

图 4–13　单体表现解析 2

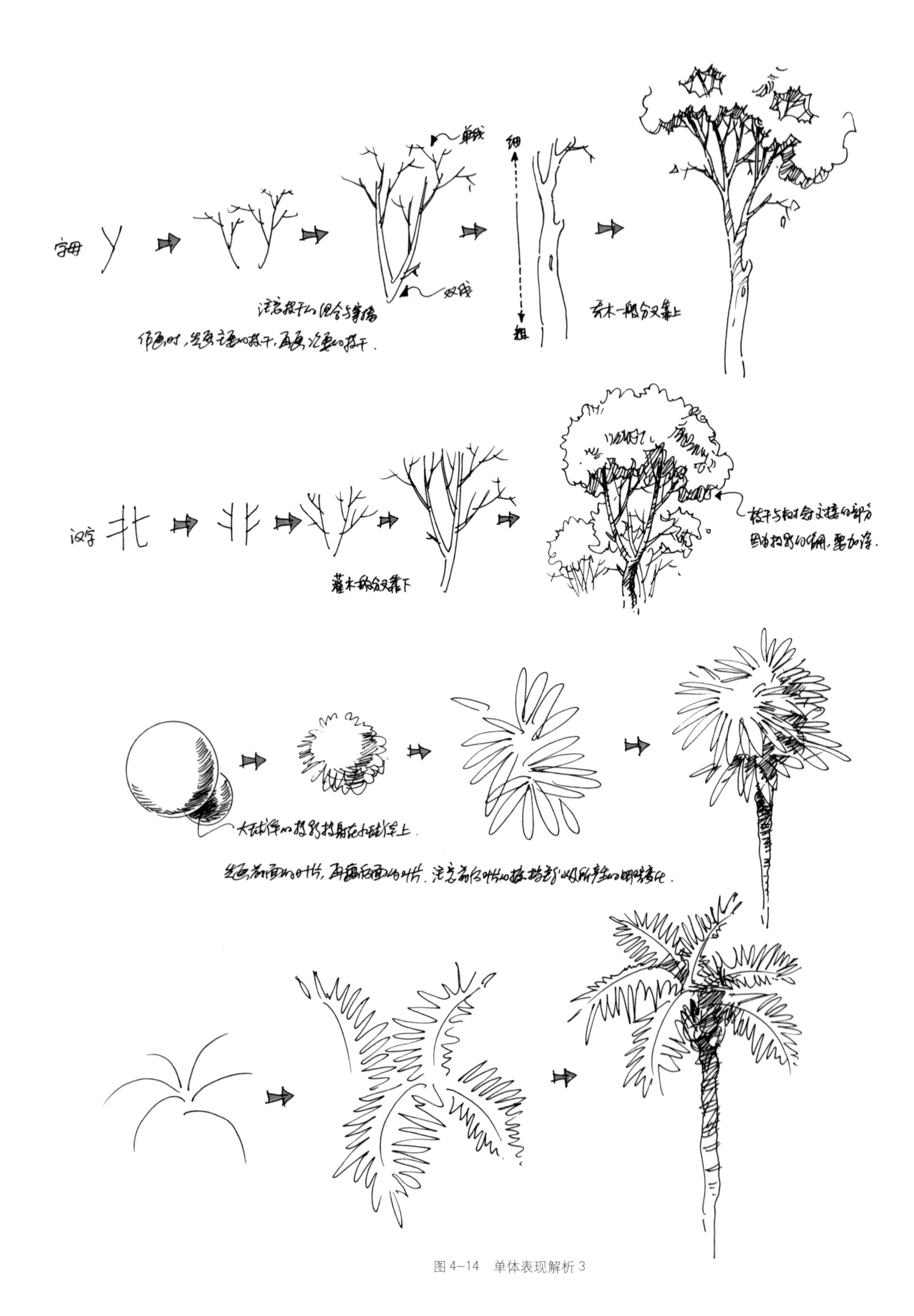

图 4–14　单体表现解析 3

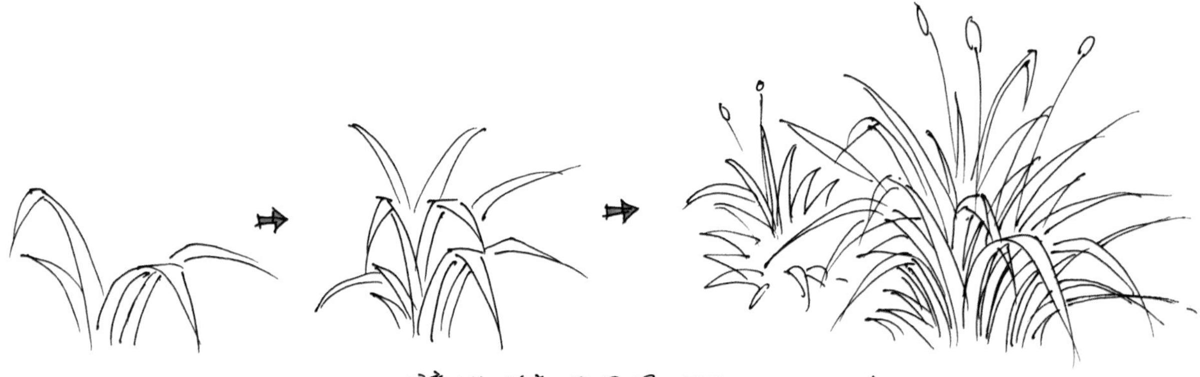

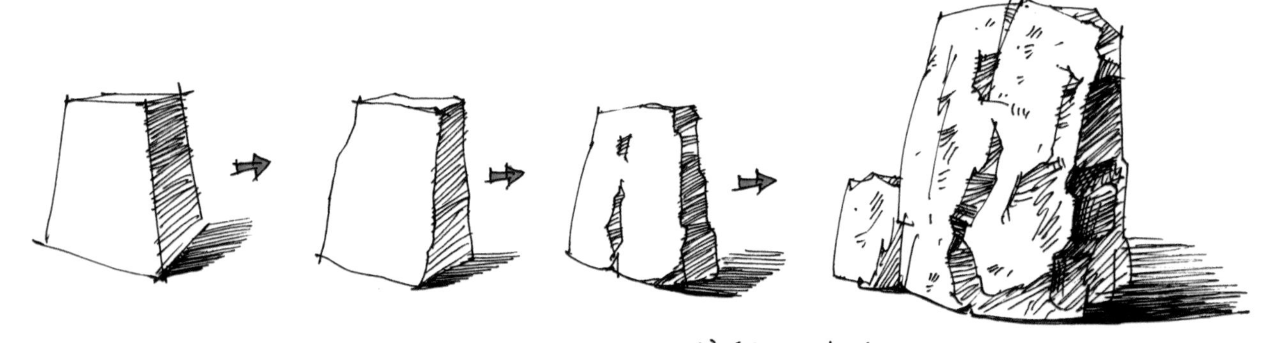

图 4–15　单体表现解析 4

二、组合表现解析

图 4–16–1 《公园小景》线稿步骤 1

∧ 先用 2B 铅笔轻轻起稿，将画面中大的透视关系、主要物体的位置及大小比例、形体与结构确定出来，近处鸡爪槭主要枝干的走向、石桥与路面的透视是重点。不要用铅笔勾画得过细，表现出大体效果就行；也不要画得过重，否则不便于后面铅笔辅助线的清除。

图 4–16–2 《公园小景》线稿步骤 2

∧ 用针管笔开始画正稿，线稿一般先从画面中近处的物体、主要的物体开始画起，由近及远，因为前面的物体会遮挡住后面的物体。先画出石头、小灌木、植被、草地，注意线条的变化与枝干的穿插，石头"硬"，植物"软"。

图 4–16–3 《公园小景》线稿步骤 3

∧ 将这棵茂盛的鸡爪槭的主要枝干先画出，要学会概括取舍，植物的枝叶表现主要的部分就可以了，不要一一刻画，注意植物枝干上细下粗的特征。

图 4–16–4 《公园小景》线稿步骤 4

∧ 继续完善鸡爪槭的枝干，并把树叶画出，表现植物的线条一定要生动、自然、富有变化。接着画石桥，先表现石桥的形体，再刻画细节，扶手石柱的位置要注意透视关系，顺势将近处草坪的围栏画出。

图 4–16–5 《公园小景》线稿步骤 5

< 然后把伸入画面右上角的松树枝叶画出，再画远处的路面、草坪、树丛、路灯，可以表现一定程度的铺地效果，但不要都画满了，要注意留白。接下来，我们可以用橡皮把之前的铅笔辅助线完全擦除干净，一旦上色铅笔线就不容易清除了，擦的时候要小心别把画纸弄皱了。

图 4–16–6 《公园小景》线稿完成图 针管笔 复印纸

∧ 最后，上一点明暗调子，把主要的投影和明暗交界线表现出来。这时，有三点要注意：一是画之前要根据拟定的来光方向确定投影及暗部的位置，绝大多数时候，在同一个画面中所有物体的投影与暗部的位置都是统一的；二是明暗千万不要上太多，把最关键的地方表现出来就可以了，不要画成了钢笔画；三是表现明暗的线条排列方向要基本一致，不能毫无章法地乱画，同时还要注意通过线条的疏密来表现明暗的深浅变化。

关于铅笔起稿

铅笔辅助起稿这个步骤，有不少同学在实际作画时存在两种做法：一种是把铅笔稿画得太细，甚至用铅笔将线稿全部画完，之后纯粹只是用针管笔在铅笔线稿的基础上如“描红”般再描一遍；另一种则恰恰相反，有的同学干脆略过铅笔辅助起稿的步骤，直接就用黑笔画正稿。我觉得这两种做法都是不可取的，前一种过分依赖铅笔的做法不仅浪费了作画的时间，更重要地是表现过于细腻的铅笔线反而会束缚你后面黑笔线条的自由表现，不由自主的会受到铅笔线的影响，导致线条放不开，僵化、拘谨、缺少变化；后一种完全不借助铅笔辅助的做法，看似洒脱，实则笨拙，要知道，在我们没有具备相当“功力”的前提下，一味盲目求快，图省事，反而会欲速则不达，黑笔墨线一旦画上就不便修改了，结果只会是换纸重画。建议初学者刚开始可以铅笔辅助多一些，随着练习数量的积累，笔的使用更得心应手、“准心”也更加到位，手、眼、脑三者间的配合越来越熟练，就可以逐步减少对铅笔辅助线的依赖，最终过渡到少用甚至不用铅笔起稿的阶段。

线描稿小窍门

线描稿完成后，在上色之前可以先复印几张备用，供上色练习时使用，这样做有几个好处：一、以免上色失败，把唯一的线稿也毁了，在一幅手绘作品的绘制过程中有相当多的时间是花在线稿的表现上；二、可以根据需要将线稿放大扩印后再上色，画小画幅比大画幅不仅难度要低，同时还能大大节省作画的时间；三、如果用硫酸纸画线稿，最好用复印稿上色，否则线描很容易被马克笔的颜料弄花，而且由于硫酸纸表面比较光滑，也不利于彩铅上色，还有一种方法是直接在硫酸纸的背面上色，但上色的效果不佳，纯度会降低，显得灰蒙蒙的；四、还有助于我们在同一张线稿上大胆尝试各种不同的上色工具与技法，同一幅线稿作品因为后期上色的不同，最后可以形成风格迥异的画面效果。

三、整体表现解析

图 4–17–1　《高档居住区中央景观一》线稿步骤 1

∧　用 2B 铅笔轻轻起稿，确定整个画面大的透视关系与构图、主要物体的位置及大小比例、形体与结构等。作品以表现近处的山石、水景、驳岸为主，远处的植物、建筑为辅，在下笔起稿前，要做到心中有数。

图 4–17–2　《高档居住区中央景观一》线稿步骤 2

∧　接着用针管笔开始画正稿，可以从画面左边的内容画起，先画近处的山石、植物，再画远处的平台、植物。要注意在刻画时，线条要依据所表现内容质感的不同，而有相应的变化。

图 4–17–3 《高档居住区中央景观一》线稿步骤 3

∧ 继续刻画驳岸与远处的植物，植物要表现出各自种类的外观特点，还要表现好乔木、灌木、草地前后遮挡的空间关系，画面右下角的近景植物勾画出外形轮廓即可。

图 4–17–4 《高档居住区中央景观一》线稿步骤 4

∧ 用概括的手法勾画出远处的建筑、近处的水面，此处可以少画，也必须少画，以便更好地衬托画面的主要内容，达到主次、虚实的变化效果。稍后，用橡皮把先前的铅笔辅助线清除干净。

图 4–17–5 《高档居住区中央景观一》线稿完成图 针管笔 复印纸

∧ 最后加上一些投影，再重点刻画下山石的细节与质感，几块石头之间也要有主次之分。因该作品后期还要继续上色完成，所以在线描阶段，水面基本以留白表现为主。

图 4–18–1 《高档居住区中央景观二》线稿步骤 1

图 4–18–2 《高档居住区中央景观二》线稿步骤 2

∧ 用铅笔起稿，注意大的透视关系与形体大小，画面中亲水平台与玻璃亭是表现的重点，玻璃亭的形体与透视要准。

∧ 开始用针管笔画正稿，先画近景的植物与中景的玻璃亭，再画远景的小品和植物。表现植物的线条要生动活泼一些，表现玻璃亭的线条要硬朗坚挺一些。

图 4–18–3 《高档居住区中央景观二》线稿步骤 3

∧ 继续依次将剩下的平台、植物、水面画出，该作水体在画面中所占面积较大，所以水面上的倒影可适当多表现一些，以避免此处太空，表现水面倒影的线条要自由生动，才能把水体灵动的感觉体现出来。

图 4–18–4 《高档居住区中央景观二》线稿完成图 针管笔 复印纸

∧ 最后画出远处的建筑，擦去所有铅笔辅助线，再加少量投影，完成。

图 4–19–1 《高档居住区中央景观三》线稿步骤 1

∧ 先用铅笔起稿，建筑的透视与结构线要先用辅助线拉准。

图 4–19–2 《高档居住区中央景观三》线稿步骤 2

∧ 接着用针管笔开始画主体物：平台、山石、植物，刻画植物时要将松树、柳树、银杏等不同树种的形态特点体现出来。

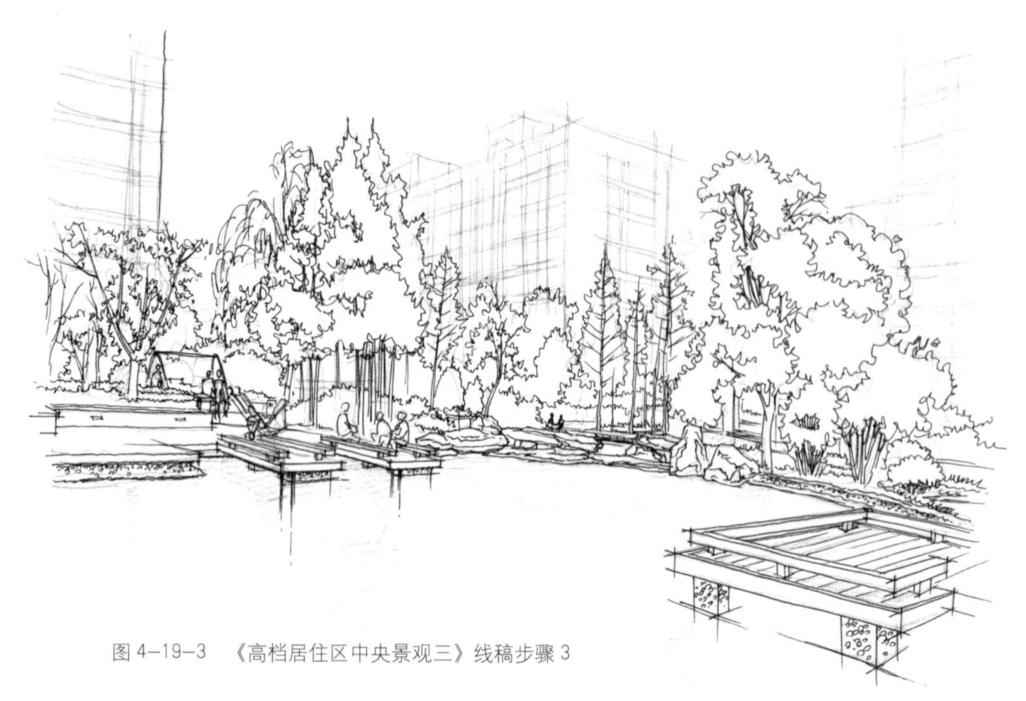

图 4–19–3 《高档居住区中央景观三》线稿步骤 3

∧ 然后把右边的植物与平台画出，近景平台的形体结构与透视要准。

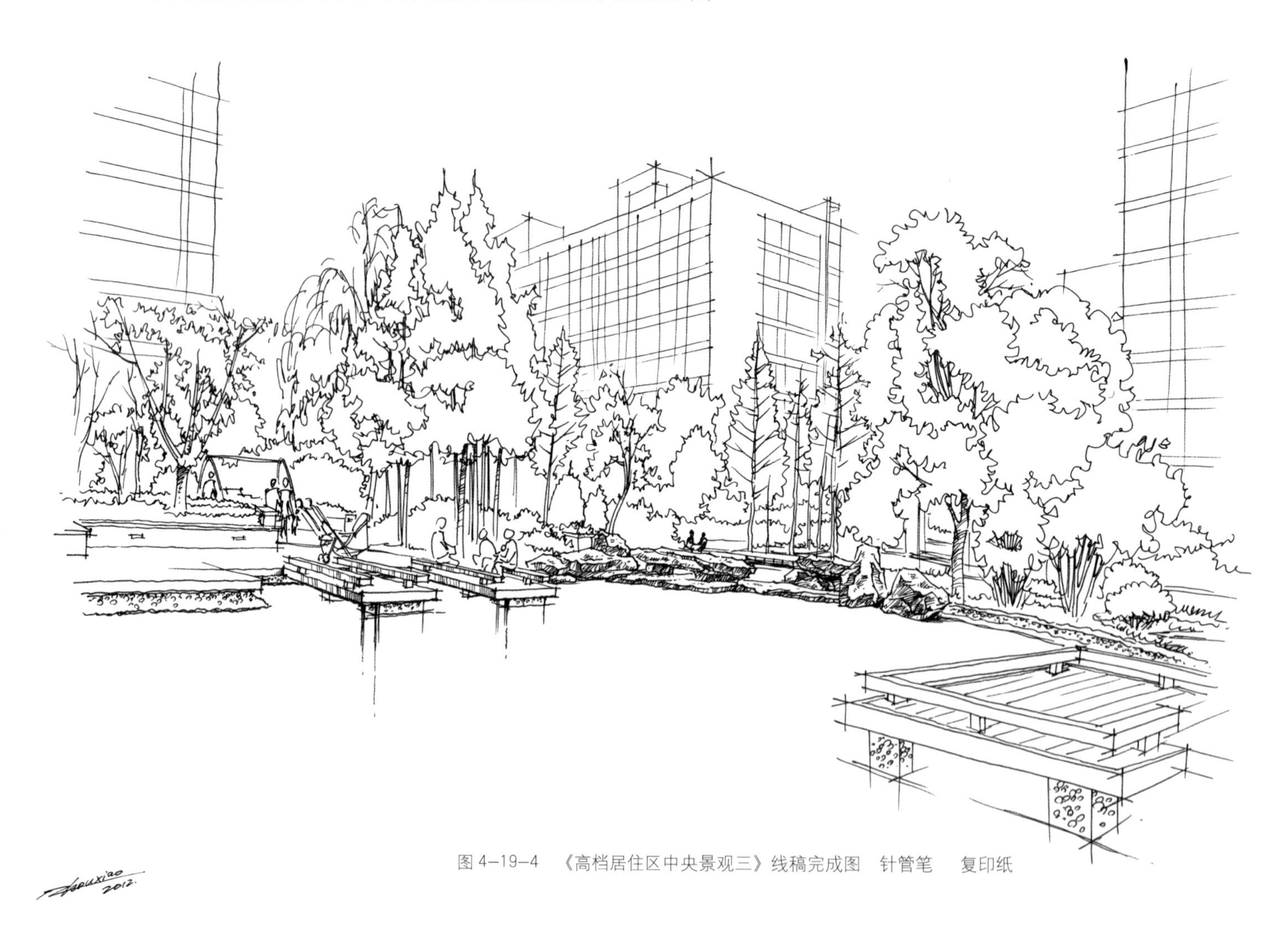

图 4–19–4 《高档居住区中央景观三》线稿完成图 针管笔 复印纸

∧ 继续画出剩下的建筑，用线宜"硬"、宜"挺"，以便与植物的线条形成对比，擦去铅笔辅助线，最后把主要的投影、暗部及山石的质感表现出来。

图 4–20–1 《高档居住区中央景观四》线稿步骤 1

∧ 铅笔起稿，圆弧形的透视是此作的难点，可以先用铅笔将透视线准确画出。

图 4–20–2 《高档居住区中央景观四》线稿步骤 2

∧ 用针管笔从近处的景观小品画起，小品的形体轮廓要准，再画植物、环形下沉式台阶，刻画台阶时，头脑要理清结构线的位置，否则容易出现问题。

图 4–20–3 《高档居住区中央景观四》线稿步骤 3

∧ 把远处的植物画完，再刻画左边铺地的铺装效果。

图 4–20–4 《高档居住区中央景观四》线稿完成图 针管笔 复印纸

∧ 最后把建筑画出，并补充一些细节，擦去铅笔辅助线，完成。

图 4–21–1 《高档居住区中央景观五》线稿步骤 1

∧ 铅笔起稿，确定构图、主要物体的形体与大小，把握好整个空间大的透视关系。

图 4–21–2 《高档居住区中央景观五》线稿步骤 2

∧ 用针管笔开始勾画线描正稿，先画前面的小路、山石、植物、树池等，再画后面的平台、远树。不要画得太细，先把物体的形体轮廓勾画出来即可。

图 4–21–3 《高档居住区中央景观五》线稿步骤 3

∧ 继续勾画剩下的景观与植物，加一些浮萍，丰富下整个画面的效果。

图 4–21–4 《高档居住区中央景观五》线稿步骤 4

∧ 画出远景建筑，并适当刻画一些局部细节，用橡皮清除铅笔辅助线。

图 4-21-5 《高档居住区中央景观五》线稿完成图 针管笔 复印纸

∧ 最后画出主要的投影，并把近景山石的质感表现出来，进一步拉开空间距离，增强画面的空间感和层次感。

图 4–22–1 《高档居住区中央景观六》线稿步骤 1

图 4–22–2 《高档居住区中央景观六》线稿步骤 2

∧ 先用铅笔起稿，确定画面要表现的重点，该图主要表现的是儿童游乐区，弧形小路的透视要把握好。

∧ 可以先从画面左边的近景植物画起，再画园路、儿童游乐区的设施及人物配景，注意中间三个游乐设施的前后关系，秋千的锁链不要勾画得太死，要生动些。

图 4–22–3 《高档居住区中央景观六》线稿步骤 3

∧ 然后依次勾画出各种植物、建筑小品、小路、草地等，注意整个画面的疏密变化。

图 4—22—4　《高档居住区中央景观六》线稿完成图　针管笔　　复印纸

∧ 最后画出背景建筑，补充些铺地的细部刻画及主要的投影，擦去铅笔辅助线，完成。

五、徒手线描作品

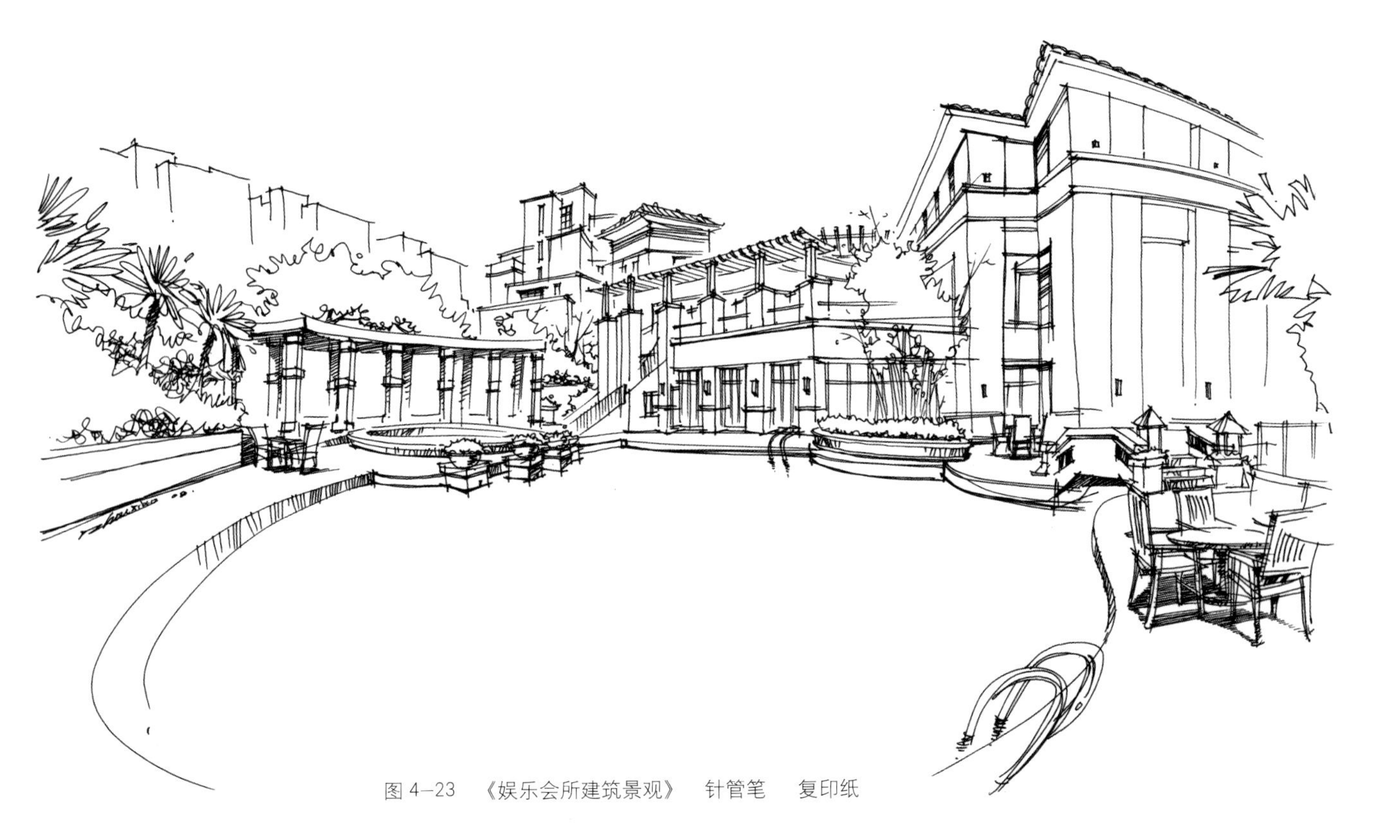

图 4–23 《娱乐会所建筑景观》 针管笔 复印纸

▲ 表现泳池及建筑的线条在保证大的形体和透视基本准确的前提下，要流畅、肯定、一气呵成，尽量一笔到位。

图 4–24 《古典园林景观》 签字笔 复印纸

▲ 要表现好亭台水榭、驳岸石块的形体特点，右侧的古建要刻画到位，植物的表现要处理好主次关系，水体面积较大，水中倒影也成为构图的一部分。

▶ 现代建筑与古建的表现手法不同，用线宜简练、利落、明快，下笔要准、狠，起笔时表现整个建筑形体结构框架的这几根线特别关键。

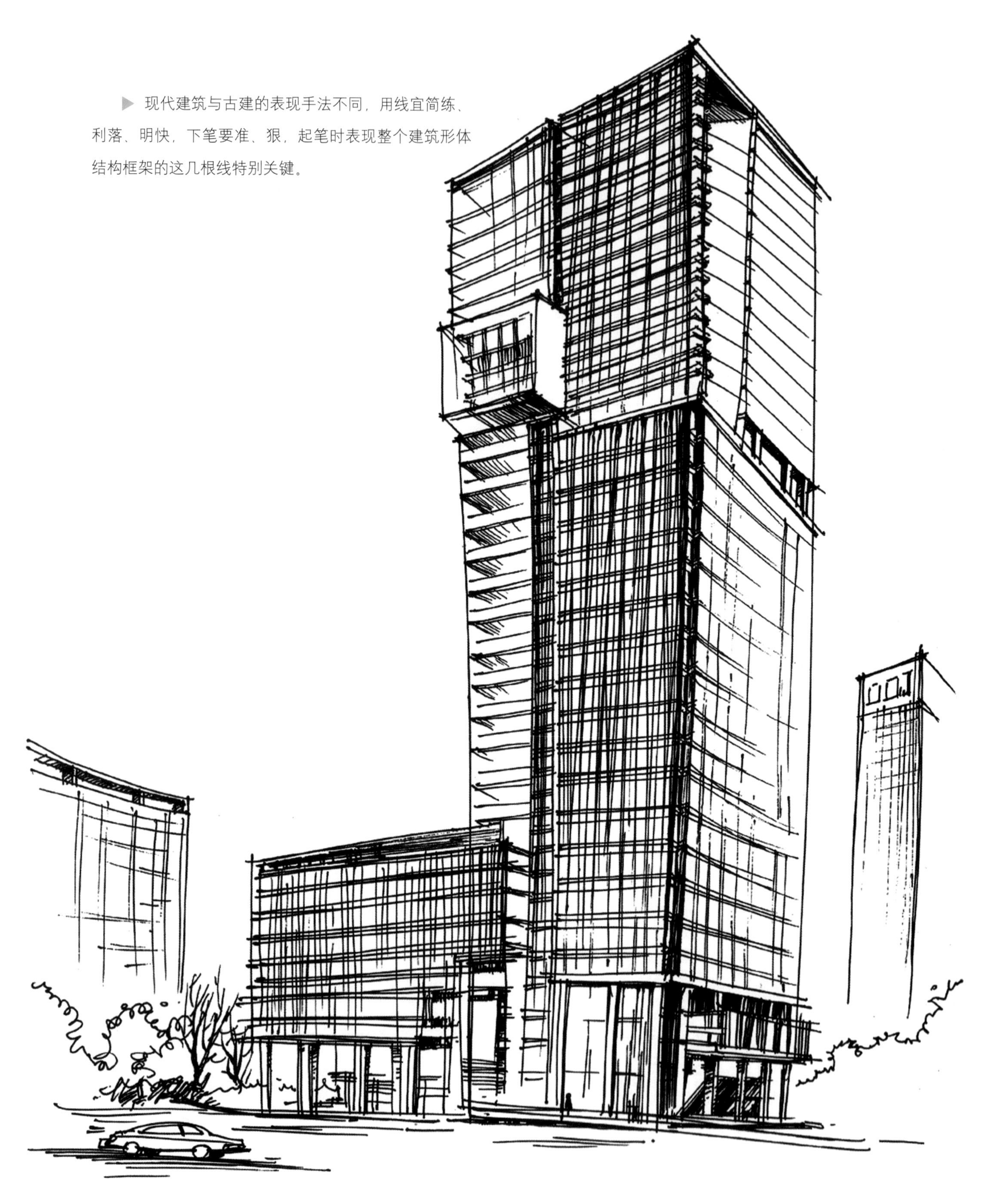

图 4—25 《现代建筑》 签字笔 复印纸

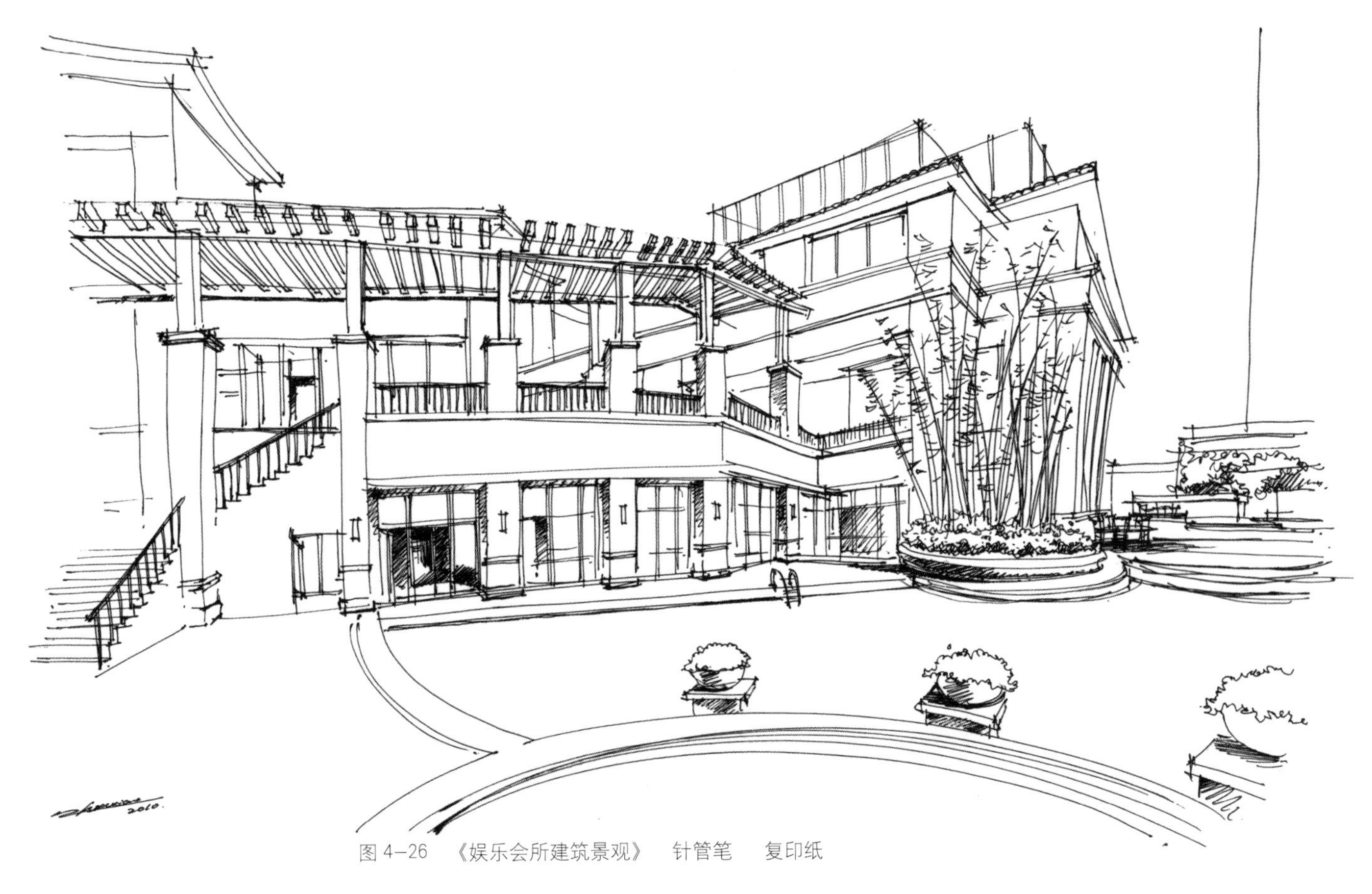

图 4–26 《娱乐会所建筑景观》 针管笔 复印纸

▲ 不计较某处的得失，着眼于整体效果的把握，用笔娴熟，线条充满力度和激情。

图 4–27 《山地别墅景观》 针管笔 复印纸

▲ 此图要处理好两个问题，一是建筑与景观的关系，二是对建筑形体特征的表现。

图 4—28　《城市绿地景观》　针管笔　复印纸

▲ 要充分表现出乔木、灌木、草地等植物配置的效果，营造和谐、自然的城市绿地景观氛围。

图 4—29　《湖景别墅》　针管笔　复印纸

▲ 有些破败的湖景别墅依旧坚守着自己的职责，它要对得起主人的不离不弃，为全家人遮风避雨。

图 4–30 《跌水景观》 针管笔 复印纸

▲ 表现动水的线条要连续、生动、流畅而有动感，不能画得太“紧”，要“活”、“松”。

图 4–31 《共享空间下沉式景观》 针管笔 绘图纸

▲ 对用餐桌椅及餐具的刻画表现，使整个景观空间充满了情趣，让人遐想、回味。

图 4—32 《海景酒店建筑景观》 针管笔 绘图纸

▲ 这是一幅鸟瞰图的线稿，画面景物丰富、内容众多，要处理好各种关系，准确表现出酒店建筑与景观的设计效果。

图 4–33　《庐山印象》　签字笔　复印纸

▲ 要有能够把握复杂场景的能力，理清头绪，处理好各表现对象之间的关系，有主有次。

第五章

马克笔彩铅上色技法

- 彩色铅笔技法
- 马克笔技法
- 单体表现
- 配景表现
- 质感表现
- 上色步骤

现在我们要开始学习上色了，手绘上色的工具与技法是很多的，有马克笔技法、彩色铅笔技法、水彩技法、水粉技法、综合技法等，在这里我们主要学习马克笔与彩铅技法，因为这两种技法在实际设计工作中是最常用的！在学习上色技法前，首先要明确的是，手绘表现的上色方法与绘画上色方法是有区别的，有它自己的上色方法和模式，必须在实践中去掌握，慢慢地去领悟和总结。

绘画色彩十分注意物与物之间的色彩关系，物与环境之间的色彩关系，表现是从色调入手，并有自己的主观色彩，十分强调色彩的微妙变化，环境色、光源色和固有色表现得都很丰富。

手绘表现图是注意环境空间大的色彩关系，着重表现物体"自身"的特性，在刻画上从单个物体入手，注重物体的固有色和质感，让观者与现实中的物体和色彩产生对照或联想。用色也是力图表现真实物体的色彩特征和质感特征，之后再将这些物体和空间环境进行适度调和，并与环境产生联系。环境色和光源色一般表现得较少。

一、彩色铅笔技法

彩色铅笔技法是在黑白线描稿的基础上施以或浓或淡的彩色铅笔而成。

彩色铅笔的颜色比较齐备，一般有 12 色、24 色、36 色之分，可根据各自情况选用，但至少要有 24 色。彩色铅笔因其可以调和颜色且能够修改，所以灵活性较大，也比较容易掌握，这也正是为什么我们学习手绘上色，往往都先从彩铅技法学起的原因。

具体技法有点类似于素描技法里的给结构素描中的物体上大体明暗。彩铅的最大特点是容易表现色阶和冷暖的平滑过渡，也就是能很好地表现色彩与明暗的过渡变化，因而也常和马克笔结合起来运用，此外由于彩铅能调和颜色，所以还能弥补马克笔颜色的不足。

彩铅技法要领

1．彩色铅笔的笔触：为了体现出彩铅上色独特的笔触效果，可以有意识地略微让彩铅的笔触强烈些，不要画得过于细腻。

2．颜色不可画得太满，要注意留白。

3．彩铅技法在运用时，深色的地方一定要“用力画”，要叠加多次。彩铅工具的特点决定了它不如其他的工具色彩能很容易画得比较浓重，因此对于深色部位，一要用力画，二要多次叠加，这样才能更好地表现黑白灰关系，表现体积感。

4．从整个画面来说，对于要重点表现的主要物体，一定要深入刻画，整个画面不能都画得“轻描淡写”，否则画面会显灰，没有主次虚实变化，层次感不强。

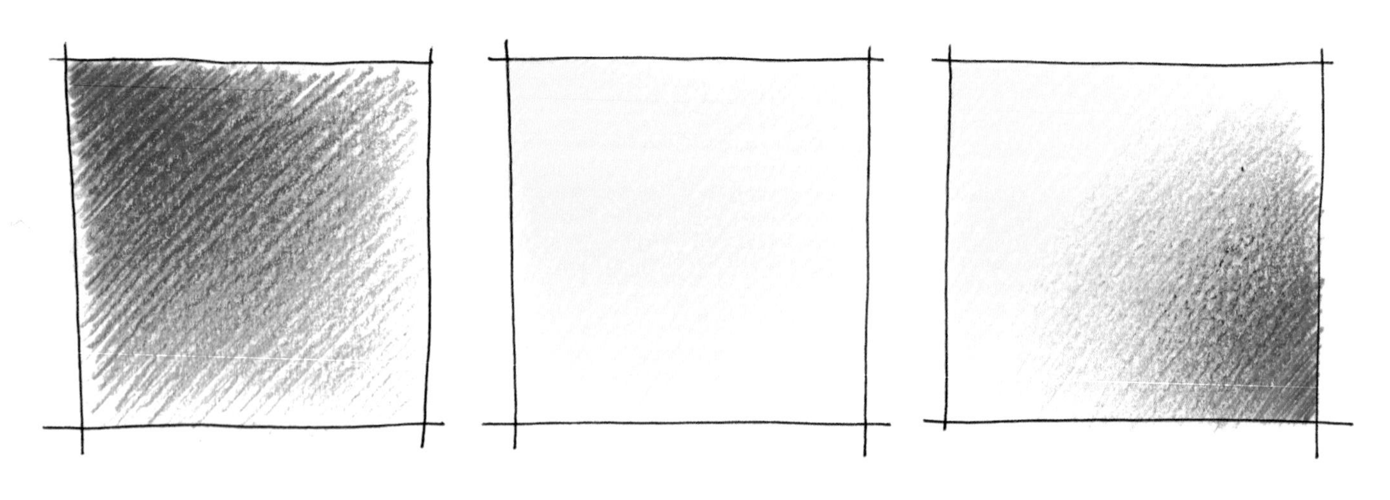

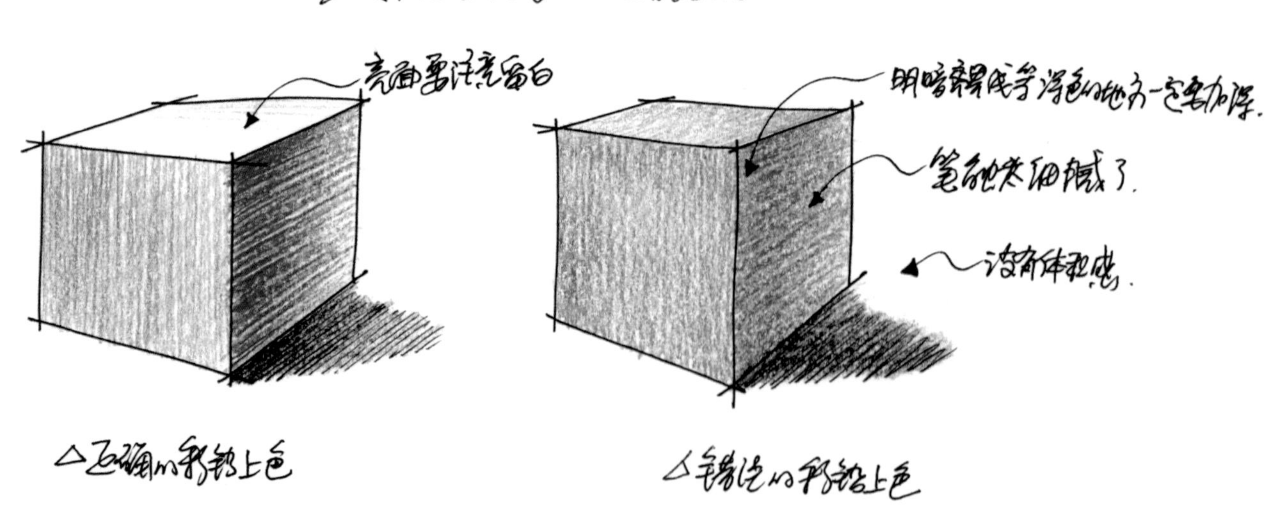

图 5–1　彩铅上色技法要点

图 5–2 《别墅景观》 针管笔 彩色铅笔 复印纸

彩铅笔触的变化是此图的重点，用短、直的笔触组合表现草坪，用自由、活跃的笔触表现树丛，用水平、柔和的笔触表现泳池的水面及倒影。

图 5–3 《南京总统府西花园一景》 针管笔 彩色铅笔 复印纸

这是一幅写生示范作品，用色大胆明快，色彩鲜艳透亮，画面中仿佛洒满了初夏的阳光。

对于这种不规则形态的建筑表现，形体结构与透视的准确是表现的关键，画之前要分析好体块之间组合的关系，只要下笔时先把那几根大的形体结构线干脆利落地准确勾画到位后，剩下的部分就好办了。

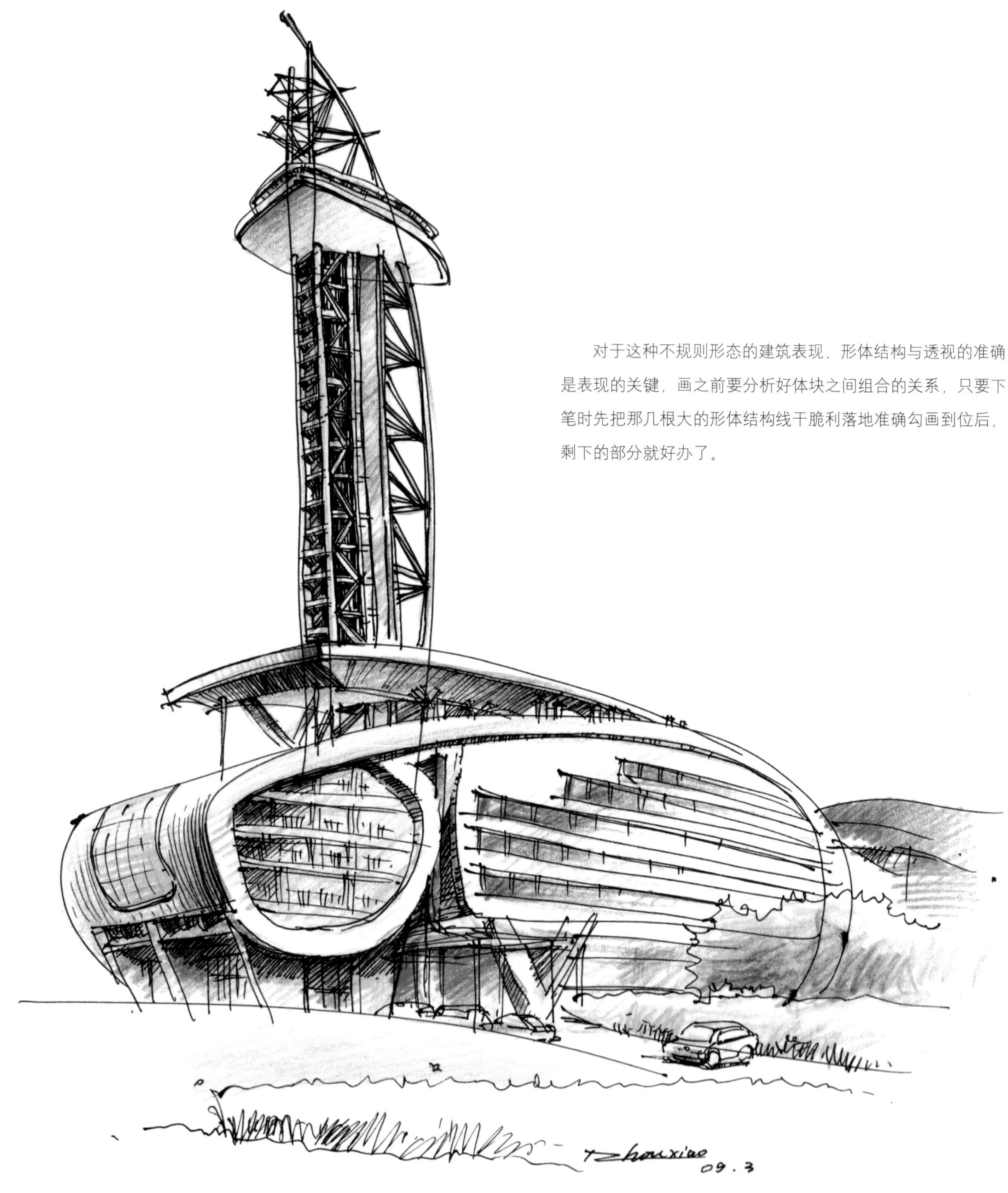

图 5–4 《体育科技大楼建筑外观》 针管笔 彩色铅笔 复印纸

图 5–5 《林中别墅》 针管笔 彩色铅笔 复印纸

竖向的构图更突显了山林与建筑的关系，两者之间的色彩也相映成趣，彩铅的笔触效果和谐统一了整个画面。

图 5–6　《沙地竹景》　针管笔　彩色铅笔　复印纸

彩铅的运用很好地表现了画面中微妙的色彩变化，避免了原本较为呆板的构图带来的无趣。

图 5–7　《南京奥体中心景观快速表现》　签字笔　彩色铅笔　复印纸

该作品用时不到半小时，用笔、用色简练概括，寥寥几笔，将场景中各个形体的关系都交代清楚，象这种短时间的小画幅作品很适合用彩铅上色完成。

二、马克笔技法

在诸多的手绘上色工具及技法中，马克笔上色相对来说是有一定难度的，一方面是因为工具本身不为初学者所熟悉，另一方面是因为马克笔技法的确比较难掌握，不是很容易就能画好的。但它又恰恰是我们在实际设计工作中最为主要的一种手绘上色技法，掌握运用好了，能取得事半功倍的效果。我在教学实践中，经常听到有不少同学抱怨马克笔不好学、马克笔画不好！有些同学在实际设计表现中，甚至就只会用彩铅技法上色，马克笔技法不敢用、也不会用。其实只要按照正确的方法，加上自己的勤学苦练，把马克笔技法学好并不是一件很难的事情。

我们首先就来对马克笔这种工具的特点进行一个较全面的介绍分析。马克笔是一种用途广泛的工具，它的优越性在于使用方便，快干，可提高作画速度，它成为园林景观设计、建筑设计、室内设计、工业造型设计、规划设计等各个领域必备的工具之一。马克笔的品牌样式很多，但总的来说都有如下一些特点：

马克笔的颜料是用溶剂事先调和好的，不用调色，绘画效果与水彩类似。笔头有两个，一个是方头，一个是尖头，方头适合画大面积上色与粗线条，尖头适合画细线和细部刻画。

同一支马克笔在纸上每叠加一遍，颜色就加深一级，但要注意不能叠加的次数太多，否则纸张会损伤，尤其不宜用不同色系大面积叠加，否则颜色会变浊，画面会显脏。

马克笔在不同的纸张上画出来的效果是不同的，吸水性强的纸笔触的效果比较强烈，色彩很明快，吸水性弱的纸笔触比较柔和，色彩会相互溶合。所以在使用马克笔作画时，必须仔细了解笔与纸的性质，相互照应，多加练习，才能得心应手，取得显著的效果。

马克笔色彩分析与用色参考

在前面的章节中，我们精选出了最适合表现园林景观与建筑设计的 45 个颜色，现在对它们进行一个简要的分析总结，以便更好地帮助我们运用马克笔的色彩来上色表现，同时还能大大提高上色的速度，在最短时间内取得最佳的上色效果，这在快速设计表现时尤为重要。要注意的是，这些只是一般意义上的用色方法，不是一成不变的，主要是给初学者起一个借鉴参考作用，要活学活用。

绿色系：42、47、48、50、51、55、57、58、59 这些主要可以用来表现绿色物体的固有色，特别是各种植物的绿色。

42 是橄榄绿，颜色偏暖，可以表现绿色植物的暗部、枝干等内容。

47，55 都属于草绿色，可以表现植物大面积的绿色，大多数植物的固有色都是以草绿色为主的，如乔木、灌木、草坪等。两者的区别除了在色相上有些差异外，还在于 47 偏暖些，55

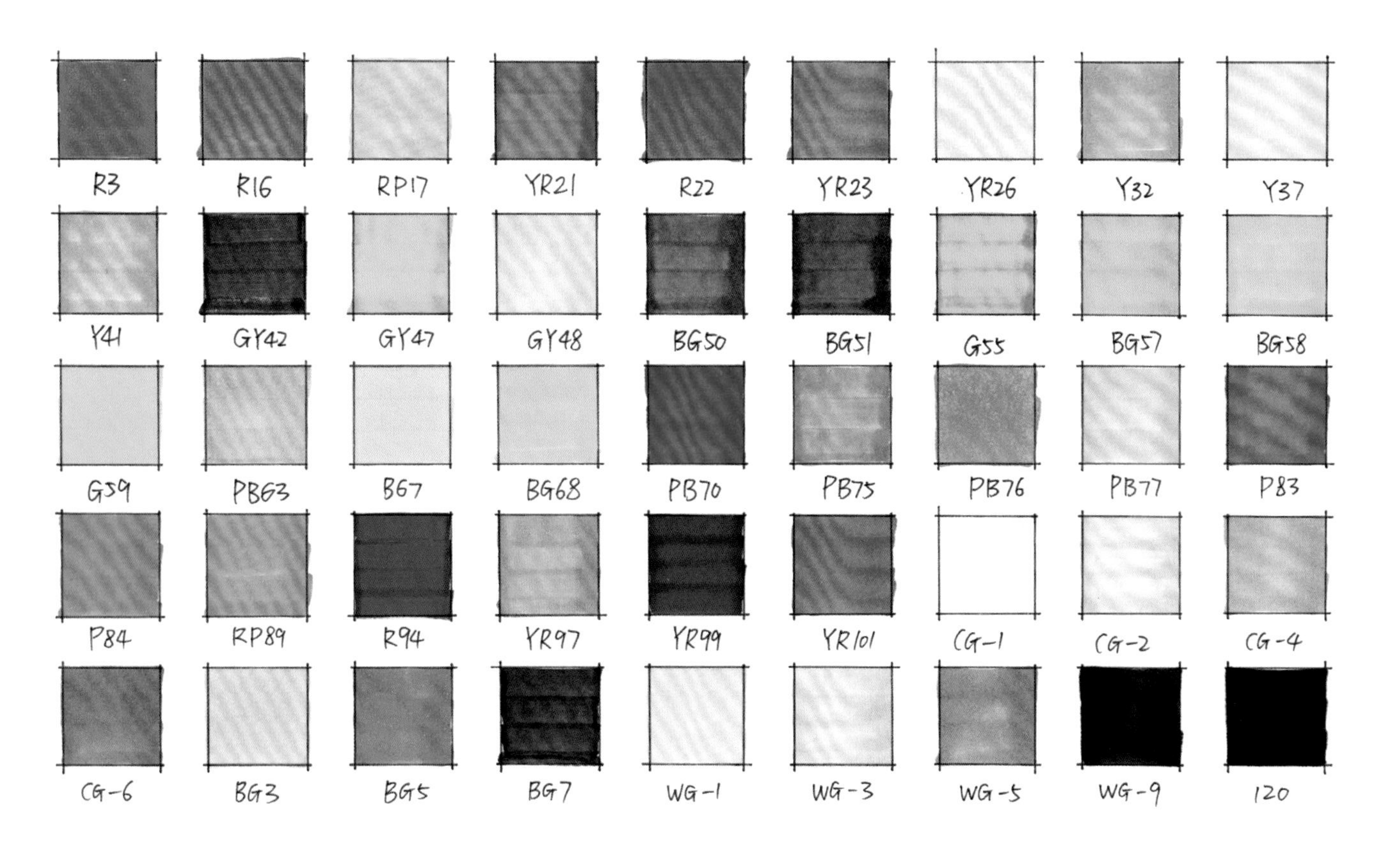

图 5–8　马克笔色卡

偏冷些；47 明度高些，55 明度低些。也可以把 55 看作是翠绿色。

48 是黄绿色，主要可以表现绿色植物新生长出的部分，如嫩芽、新叶等。

50，51 都是深绿色，主要用来表现植物的暗部及投影。主要区别在于 50 偏冷些，51 偏暖些，可以根据画面的不同需要来选用。

57，58，59 都是比较浅的绿色，纯度也较低，适合表现比较"虚"的植物，比如远处的植物等，区别在于 57 偏冷些，58 偏暖些，59 属于浅黄绿色，适合画草地等。

蓝绿色系：63、67、68 都属于蓝绿色，63、67 适合表现天空或水面，68 要偏绿些，更适合表现水面、玻璃的材质效果。

蓝色系：70、76 都是蓝色，70 是深蓝色，76 比 70 要浅，76 适合表现水面及其它蓝色物体的固有色。

蓝紫色系：75、77 都是蓝紫色，区别在于 75 要深些，77 要浅些，两者除表现物体固有色外，还可以表现远景或"较虚"物体的暗部及投影等。

棕色系：94、97、99、101 都属于棕色系，适合表现木材的材质效果。94、99 较深，适合画暗部，94 比 99 要偏红一些，属于深红棕色，97、101 很适合表现木材的固有色，不同的是，101 比 97 要偏黄一些，可以根据不同木材的色彩来选择。

蓝灰色系：BG3、BG5、BG7 都是在灰色中偏一点蓝色，可以表现相应物体的固有色、暗部及投影等。

冷灰色系：CG1、CG2、CG4、CG6 都属于冷灰色系，色彩感觉偏冷，数字越大，颜色越深。冷灰色系可以表现金属特别是不锈钢的材质效果、物体的暗部及投影、远处"虚掉"的物体、水泥或沥青路面等。

暖灰色系：WG1、WG3、WG5、WG9 都属于暖灰色系，色彩感觉偏暖，数字越大，颜色越深。暖灰色系适合表现近处物体的灰色，因为暖色比冷色给人的视觉感觉要更近一些，WG9 是仅次于 120 黑色的颜色，要慎用。

其它色彩：3、16、17、21、22、23、26、32、37、41、83、84、89 这些大多是比较鲜艳的颜色，一般没有特定的表现对象，除表现物体固有色外，主要起点缀作用，比如表现花卉等。120 是纯黑色，用的不多，不能大面积使用。

在实践练习中，建议初学者可以用 A4 复印纸自己做一张色卡。做色卡的好处在于：马克笔画出来的实际色彩和笔身上标注的色彩是有一定差别的，并不完全一样，如果仅凭标注的色彩来上色，那最后画出来的色彩可能不一定是自己所需要的；再者由于你所有马克笔的颜色都在这同一张纸上，就能通过对比，非常便捷的选择最适合的颜色，一目了然，节约上色的时间，避免在作画时频繁试色，同时也能使初学者在上色前将马克笔的颜色与笔号一一对应，逐渐熟悉。要注意的是，色卡上的颜色要按照一定的规律来排列，灰色系是一类，有彩色是一类，然后再按照色号的数字大小来排列，因为相近色号的颜色大多是同类色系，查找选择起来非常方便。

马克笔的笔触

马克笔的笔头（主要是方头）在旋转不同方向时，能画出各种不同效果的笔触，变化很丰富，要多画多尝试，逐渐掌握马克笔笔头的性能特点。这里介绍几种常用的笔触：

1. 直线排列笔触

直线排列是笔触中最基础也是最重要的，因为它在画面中是使用最多的。起笔和收笔的力度要一致，不能太重，在纸面上停顿的时间要短，下笔要果断，运笔要匀速连贯，否则就会出现骨头状或是锯齿状的笔触。好的直线笔触画出来的是一个比较完整的块面。

2. 交叉线排列笔触

这种笔触是由两到三种不同方向的线条（多为直线）交叉组成的，它多是表现画面中对比较为强烈的物体，或是面积比较大又比较单一的地方，通过交叉变化的笔触强调出画面中的主要物体，并且避免了同一笔触大面积表现的呆板，丰富了画面的层次和效果。交叉排列笔触一定要等第一遍颜色（笔触）干后，才能上第二遍颜色（笔触），否则颜色会溶到一起，没有笔触的轮廓。

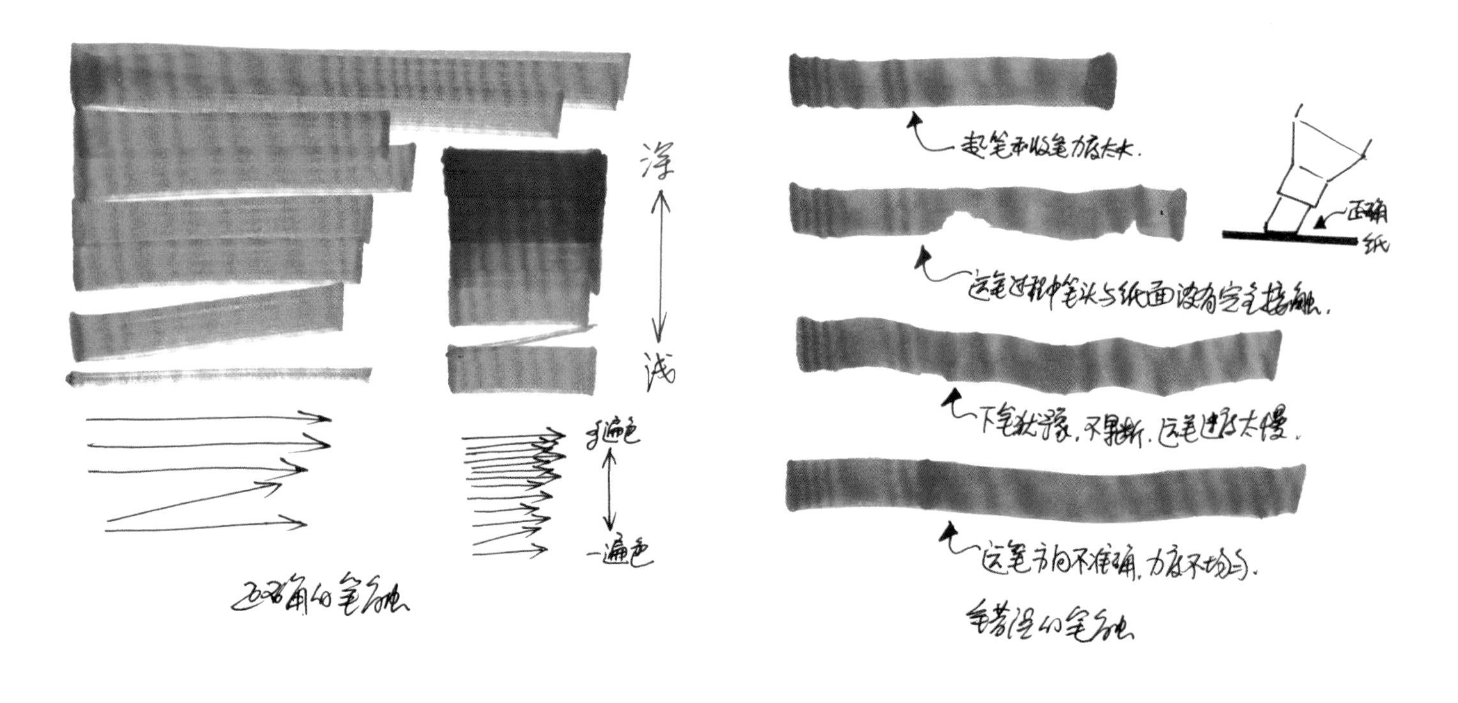

图 5–9　直线排列笔触

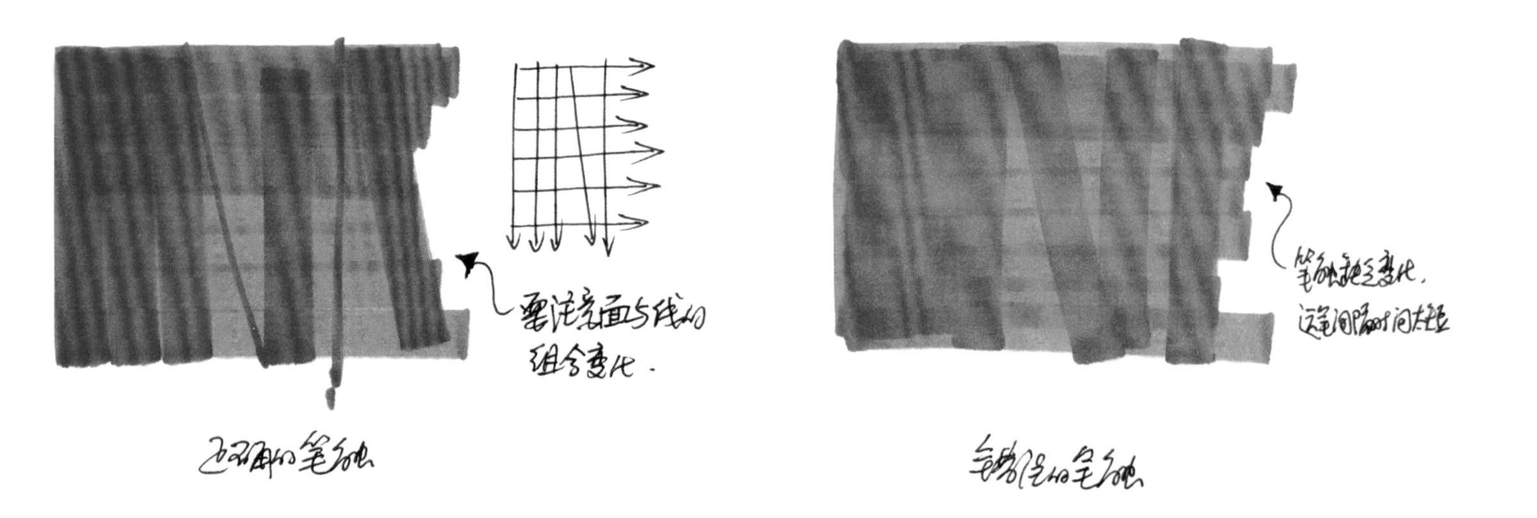

图 5–10　交叉线排列笔触

3. 循环重叠笔触

如果一幅作品整个图面都是比较明快硬朗的直线笔触，那会显得很零乱、笔触对比过于强烈，整个画面会有“花”与“跳”的感觉，缺乏整体感。所以也需要一些对比不是太过强烈的循环重叠笔触，这类笔触由于在运笔时比较连贯、速度比较快，前后的笔触能够很好地溶合在一起，原理与效果有点类似于水彩技法中的湿画法，笔触效果会比较协调统一，笔触色彩能在画面中安静的“沉”下来，适合大面积的着色，特别适合远景物体的上色。此外整个笔触的效果又有微妙地深浅变化，非常自然。

4. 麻点自由组合笔触

麻点自由组合笔触主要运用在各类植物的表现上，特别是树木与花草，此外表面较为粗糙的毛面材质也会用到。这类笔触关键在于运笔时要生动、活泼、有变化，大笔触与小笔触相结合，只有这样才能充分表现出植物富有生气的特点，否则整

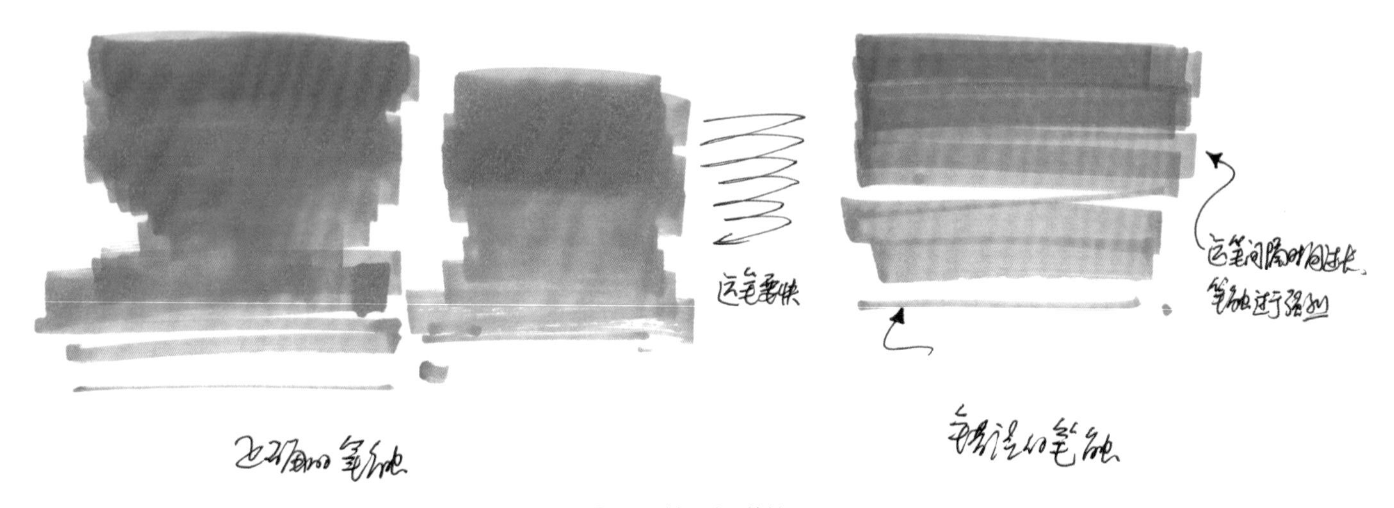

图 5–11　循环重叠笔触

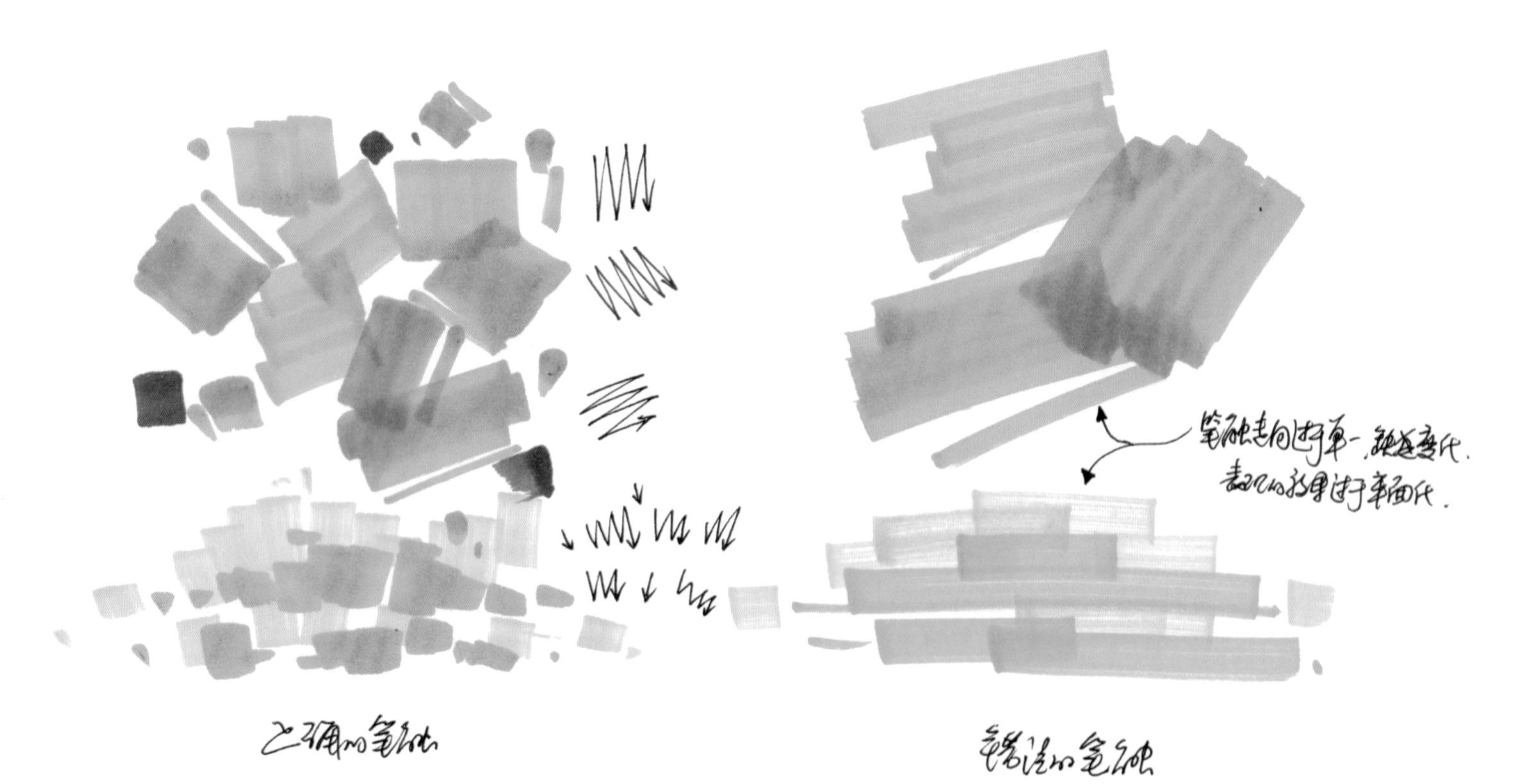

图 5–12　麻点自由组合笔触

个植物会画得死气沉沉的，不象真的，象假的。此类笔触对于我们表现园林景观设计来说是很重要的，因为在园林景观设计表现图中植物所占的比重非常之大，所以我们要勤加练习，掌握并运用好麻点自由组合笔触。

特别要注意的是：笔触在运用时，一定要有变化，要生动，要"活"，否则就体现不出马克笔明快、干脆、利落的独特画面效果。

总的说来，一幅手绘作品的绘制需要各种不同的笔触，决不是某一种单一的笔触就可以了，特别是马克笔上色技法，每种笔触都有其各自的效果与作用，这些笔触在画面中既有对比又有统一，我们应该在合适的地方采用适合的笔触，这样才能达到形式美的最佳效果。

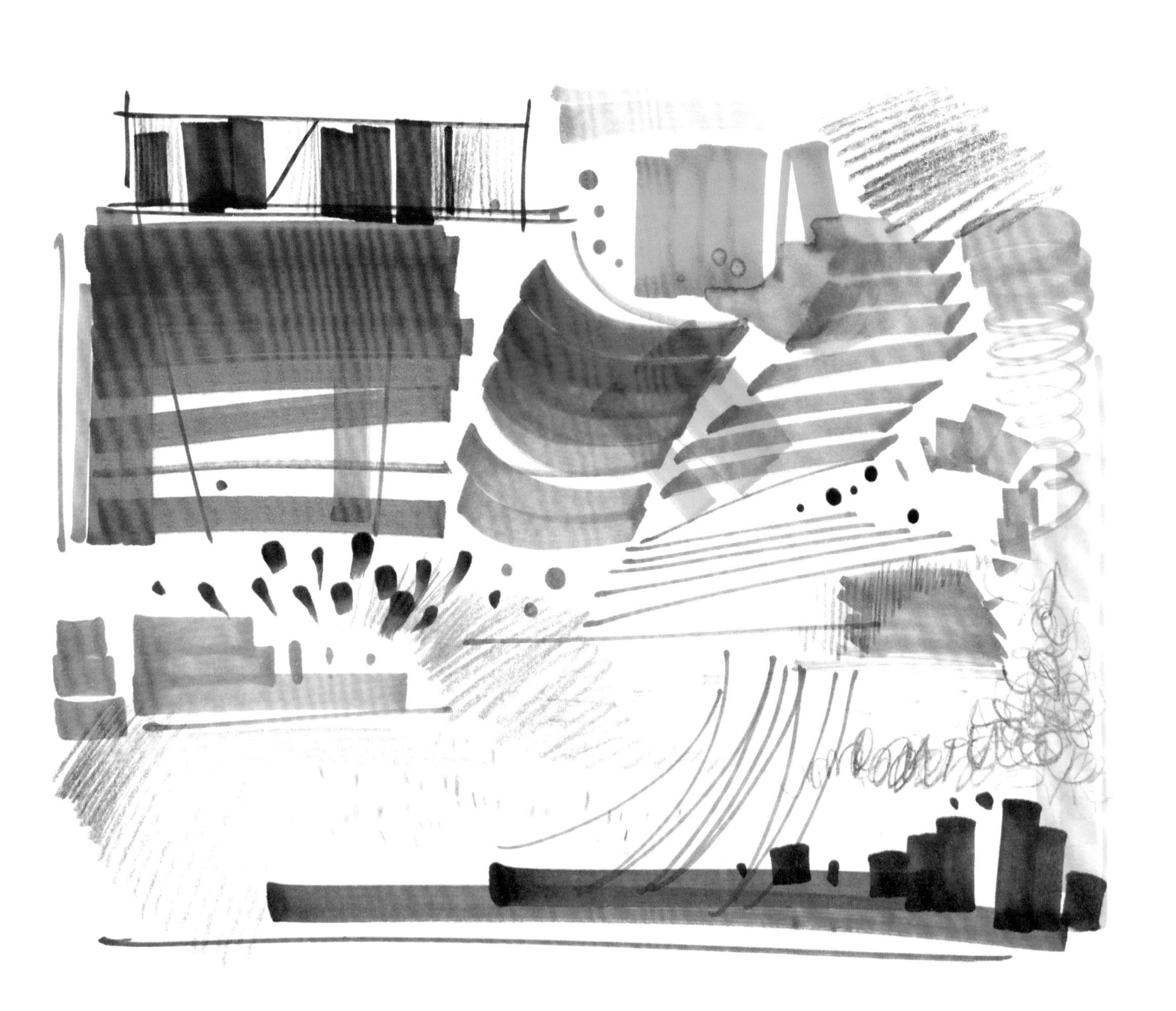

图 5-13 马克笔彩铅各种笔触练习

马克笔技法要领

马克笔技法是一种既清洁又快速、有效的表现手段。说它清洁是因为它在使用时快干，颜色纯而不腻。在使用的时候不必频繁的调色，因而非常的快速。

由于马克笔的色彩不像彩铅、水粉那样可以修改与调和，因而在上色前对于颜色以及用笔要做到心中有数，一旦落笔就不可犹豫。在使用时要根据马克笔的特性发挥其特点，有效地去表现画面。力度和潇洒是马克笔技法的魅力所在。

1. 用笔要随形体的结构，笔触要根据形体的结构来“走”，这样才能充分地表现出形体感。笔触的“走向”应统一，特别是用马克笔上色，应该注意笔触间的排列和秩序，以体现笔触本身的美感，不可画得零乱无序。

2. 用笔用色要概括，要有整体上色概念。用色不可杂乱，要用最少的颜色画出最丰富的感觉。同时用色不可“火气”，要“温和”，要有整体的“色调”概念，中性色和灰色是画面的灵魂。

3. 先上浅色，后上深色，整个上色都是由浅到深，逐步加深的过程。颜色画浅了，可以用深色叠加修改，但如果画深了，想改浅是很困难的。

4. 形体的颜色不要画得太“满”，特别是形体之间的用色，也要有主次和区别，要敢于“留白”，色块也要注意有大致的过渡走向，以避免色彩的呆板和沉闷。

5. 画面不可太灰，要有虚实和黑白灰的关系，黑色和白色是“金”，很能出效果，要会用和慎用。

图 5-14　马克笔彩铅的笔触走向

图 5-15-1　马克笔形体上色练习

图 5-15-2　马克笔形体上色练习

马克笔与彩铅结合技法

在我们的手绘实践应用中，多数时候都是马克笔与彩铅这两种技法结合起来运用的。马克笔与彩铅各有所长，单独使用哪一种都不能取得最佳的画面效果，而应是取长补短、相辅相成。一方面彩铅能弥补马克笔颜色的不足（马克笔不能调色，色彩过少的缺点），另一方面在物体的表现上，特别是质感的表现，有些部分不适合用马克笔表现。彩色铅笔适合表现比较粗糙、质朴的效果，如棉麻织物、地毯、毛石的表现；马克笔则适合表现比较光滑、润泽的效果，如玻璃、镜子、不锈钢、水面的表现。此外，物体暗部的反光环境色也比较适合用彩铅来表现，因为马克笔的冷暖两种色叠加很容易显脏，彩铅还适合表现材料的纹路花纹等。

图 5–16　彩铅表现效果　马克笔表现效果　马克笔彩铅结合表现效果

关于留白

这里所谓的“留白”，是指画面中有些地方并不需要上色，而以留白（空白）的形式来表现和处理。我们在手绘设计表现中，首先要明确一个概念：物体某一部位或区域的色彩并非一定要全部涂满才能体现出来，很多时候其实只需要涂上一部分就可以了，没涂颜色的部分出于人长期的视觉经验与习惯对图像的理解和感知，我们也会等同于已经涂色的部分，认为整个部位或区域都是已经涂色的这个色彩（包括质感肌理），基于此，所以在手绘上色的时候并不需要把整个物体的色彩都上得很满，而是只要有重点的上一部分色彩就可以了，这样不但使得画面效果生动有韵味，而且能大大提高作画的速度、节省作画的时间，更体现出以马克笔彩铅为主的手绘快速表现技法的特点。具体到手绘表现图中，“留白”主要出现在以下几种类型中：

1. 物体的亮面，特别是高光的表现。除少数高光（如圆点状、圆形或细线状）外，绝大多数物体的亮面与高光都是通过留白的形式来表现的，其它少数不适合用留白来表现的高光则是用白笔或修正液等以遮盖的形式来表现的。

2. 画面中次要的物体、远处的物体可以少上颜色甚至不上颜色，以留白的形式出现，这样能更好地突出主要的物体，加强虚实对比与层次以及空间关系。

3. 图面四周边边角角的地方，为达到整个画面逐渐虚化、自然生动的效果，这些地方在线描阶段已经表现得比较概括了，同样在上色阶段也不用上色，以留白的形式来处理。

4. 出于整个画面构图的需要，为了使整个画面生动而有变化，避免呆板和沉闷，绝大多数的画面都是采取不对称的构图方式，主要的物体表现得深入些，色彩上的多些，那么画面中这个部分色彩就深一些、构图就重一些，而另一部分由于虚实关系，色彩可以少上些、浅一些，多一些留白的处理。这样看似整个构图会不平衡不好看，但这恰恰却是高明的构图处理方式，另一部分的“白”从某种意义上来说也相当于“黑”，在对比与变化中又求得整个构图的平衡，绘画中的“计白当黑”就是这个道理。

正是忽视了这些问题，所以初学者在刚刚接触手绘尤其是上色时，往往不仅将每个物体的颜色上得很满，而且把整个画面所有地方处处颜色都涂得很满。殊不知，这样不但浪费了作画时间，而且大大影响了画面效果，我们要避免这些错误的画法。

三、单体表现

初次学习马克笔彩铅上色技法，可以先从单个物体表现开始，再逐渐过渡到一组物体的表现，最后到一个较为完整的空间场景的表现。这种先易后难、循序渐进地学习方法，不仅能少走弯路，加快手绘学习的进程，而且能增强自信心，提高手绘学习的效果。

图 5–17 上色步骤解析 1

图 5–18 上色步骤解析 2

图 5–19 上色步骤解析 3

图 5–20 上色步骤解析 4

图 5–21 《单体小品》色稿 针管笔 马克笔 彩铅 复印纸

图 5–22 《单体植物》 针管笔 马克笔 彩铅 复印纸

图 5–23 《小景组合》色稿 针管笔 彩铅 复印纸

图 5–24 《小景组合》 针管笔 马克笔 彩铅 复印纸

图 5-25 《小景组合》 针管笔 马克笔 彩铅 复印纸

图 5-26 《小景组合》 针管笔 马克笔 彩铅 复印纸

图 5-27 《小景组合》 针管笔 马克笔 彩铅 复印纸

图 5-28 《小景组合》 针管笔 马克笔 彩铅 复印纸

图 5-29 《小景组合》 针管笔 马克笔 彩铅 复印纸

四、配景表现

天空：既可以单独用彩铅来表现，也可以用马克笔结合彩铅来表现，一般来说笔触最好不要太过强烈，“虚”一些的笔触能更好地表现天空很高很远的感觉。在表现天空时，可以结合建筑或景观的形体轮廓来表现，用天空“压”出它们，更好地体现各自的效果，同时还要注意天空对于整个画面构图的平衡与变化。

图 5–30　天空的画法 1

3.马克笔彩铅表现

4.马克笔彩铅表现

图 5–31　天空的画法 2

人物：一方面可以起到烘托环境气氛的作用，另一方面还可以作为尺度参照，通过人物的大小体现空间场景的尺度比例。可分为近景的人与远景的人。在设计表现中，人的比例大概在 7 ~ 8 个头长，女性比男性可稍矮些，约为 6 ~ 7 个头长。男性的外形特征是肩宽胯窄，女性的外形特征是胯宽肩窄。人物的大小比例要与整个空间场景的比例尺度一致，尤其是表现近景人物时，在人物的尺寸比例上要特别注意准确性，在刻画上还要注意“度”的把握，不要细抠，否则就画成人物画了，毕竟这里只是作为配景，同时还要注意人物的服饰、形态、动作等要与空间环境的性质一致。

图 5–32–1　人物的画法 – 线稿

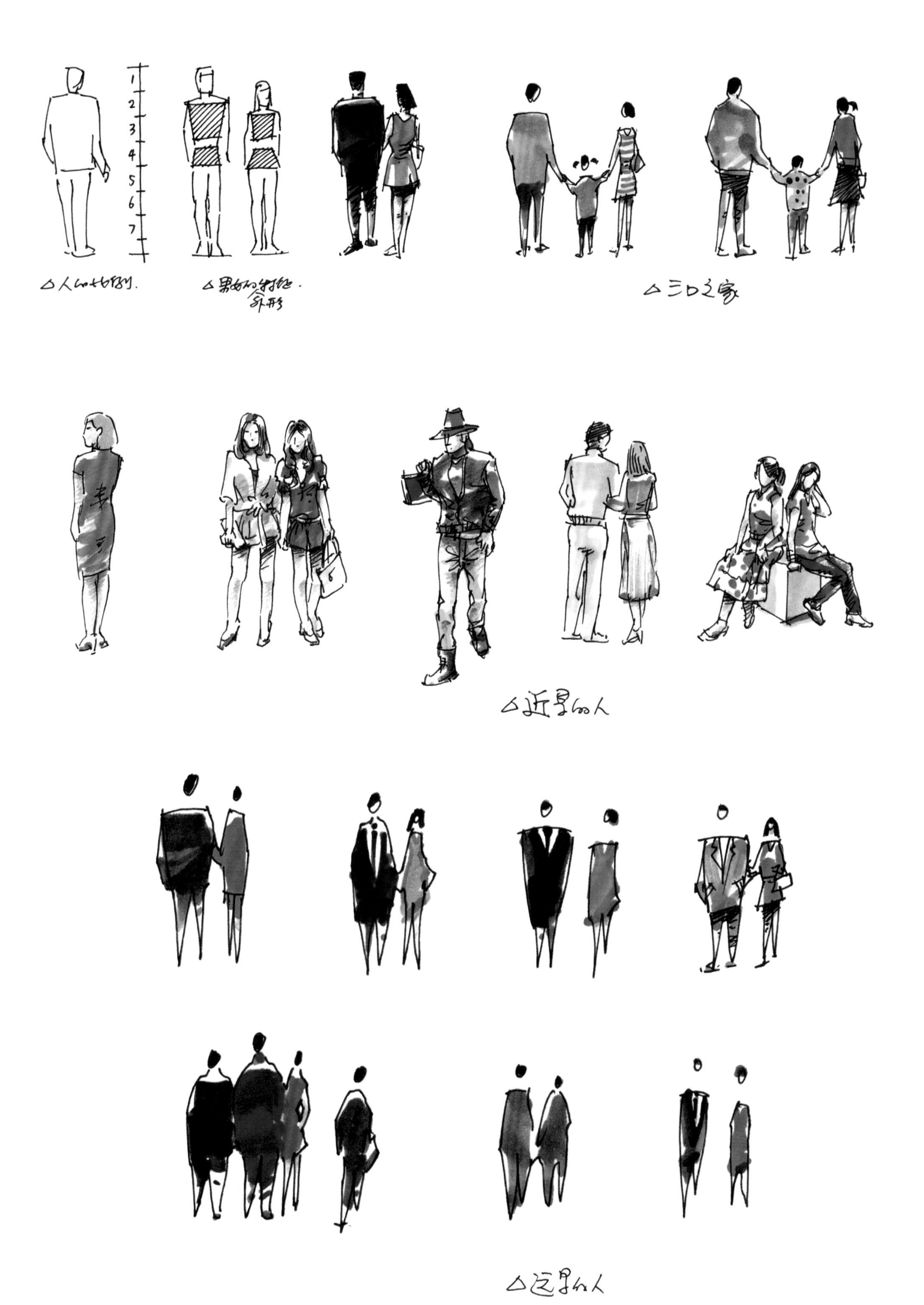

图 5-32-2 人物的画法 - 色稿

图 5-33　人物表现 1

图 5-34　人物表现 2

图 5-35　人物表现 3

图 5-36　人物表现 4

汽车：透视、形体与结构要准，汽车在这里是起配景作用的，只要表现出整体的效果就可以了，不要画得过细，否则就喧宾夺主了。可以将其复杂的外观造型概括为简单的几何形体，看成是长方体的组合，这样更利于准确表现汽车的形体与透视。

想画好配景，临时凭空想象是很难画好的，建议各位平时可以注意收集整理一些比较适合作为配景的图片资料，特别是人物和小汽车，形态以简洁概括为好，不同角度、不同造型，不同服饰、不同动作的，都要准备一些，以便需要时参照。

图 5–37–1　汽车的画法 1– 线稿

图 5–37–2　汽车的画法 1– 色稿

图 5–38–1　汽车的画法 2– 线稿

图 5–38–2　汽车的画法 2– 色稿

五、质感表现

物体通过质与量来显现，每种物体都有各自特定的属性和特征。例如：玻璃、水体的透明与光洁，植物枝干及叶片的表面纹理与质地的软硬，金属和石头的坚硬沉重。又如反光强的物体：玻璃、水体和抛光的金属或石材，对光的反映非常强烈，边缘形状清晰，对比强烈，对周围物体的倒影和反光很强；反光弱或不反光的物体：如植物、砖石、木材等外观质感较柔和，因此，对不同材质进行正确地质感表现也是我们学习的内容之一。

由于物体质感的不同在表现上也应有不同的手法，手绘表现图中的质感表现主要还是通过运用适合的工具及技法来表现它们的特点，即马克笔、彩铅、水彩、包括线描等工具及技法。

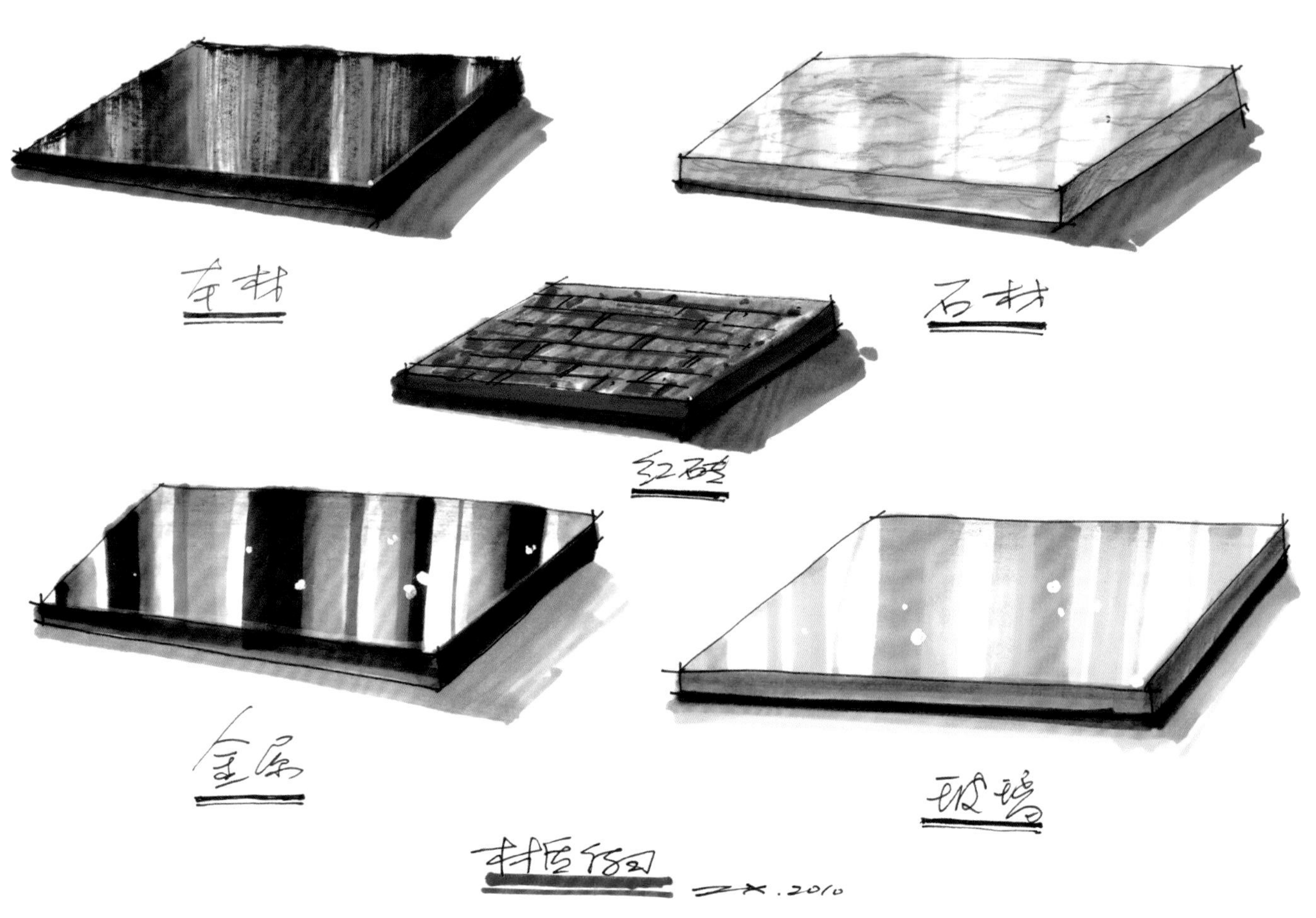

图 5–39　常见材质表现

图 5–40　木材表现

图 5–41　不锈钢表现

图 5-42　玻璃表现

图 5-43　石材表现

六、上色步骤

图 5-44-1　《街心公园》步骤 1

∧ 在铅笔辅助线的基础上用黑笔画线稿，先从画面左边的主要物体画起：乔木、绿篱、座椅、路面，再画远处的植物和景观小品。线条在保证形体准确性的同时要有变化，特别是表现绿植的线条要生动、自由，鹅卵石子铺地要注意近大远小的透视关系。

图 5-44-2　《街心公园》步骤 2

∧ 接着画出右边的几棵树木，注意表现各自树种的外观特性，然后画远树、远景，用小点表现乔木的嫩叶，用短线表现草坪的绿草，最后把主要的投影和明暗交界线画出，此作的来光方向为左上角，完成线稿部分。

图 5-44-3　《街心公园》步骤 3

< 开始上色，总的来说，整个上色的过程是先整体，再局部，先铺大块的色彩，再画细部的色彩；先浅后深，先上浅色，再上深色，由浅到深，逐步加深；就我个人而言，习惯先用马克笔上色，再用彩铅上色。

先用草绿色画草坪、绿篱，再用翠绿色画远处的植物，注意笔触的排列与走向，颜色不要上得太满，要注意留白，近处的笔触可以对比强烈些。

用稍深的草绿色画松树的枝叶、绿篱的暗部，用黄绿色画近处绿篱的嫩叶，用灰色画出路面、树干和小品的暗部。

图 5–44–4　《街心公园》步骤 4

图 5–44–5　《街心公园》步骤 5

用点状的笔触画乔木的树叶，色彩要有变化，用深绿色画出松树枝叶的暗部，用棕色画木质的座椅，再用蓝灰色画远景建筑、植物的投影，投影要有深浅变化，还要注意投影的形状要根据该植物的外形来画。

图 5–44–6　《街心公园》步骤 6

用墨绿色画植物的暗部，用橄榄绿画树干，注意树干的亮部要留白，用冷色画出物体的投影，之后用桔黄色点缀出右边灌木的叶子。

最后用蓝色画天空，用灰色点出远景植物的叶子，用墨绿色加强近处绿篱投影的色彩对比，用彩铅过渡绿篱、枝干的色彩，用修正液点出绿篱的高光，调整，完成。

图 5–44–7　《街心公园》色稿完成图　针管笔　马克笔　彩铅　复印纸

图 5–45–1　《老别墅的故事》色稿步骤 1

∧ 在线稿的基础上开始上色，首先从画面的主体物别墅画起，先用冷灰色的马克笔画屋顶、远处的路面，再用暖灰色画石墙、台阶等，颜色别上得太满，要留有一定余地。

图 5–45–2　《老别墅的故事》色稿步骤 2

∧ 继续表现建筑，分别用稍深的冷灰色和暖灰色加重屋顶以及石墙暗部的色彩，用棕色画建筑的木墙、木窗、木箱，顺势用深棕色表现出它们的暗部，接着用草绿色、翠绿色画松树的枝叶、草地，注意植物的色彩和笔触要富有变化，近处的叶子可以偏暖些，用草绿；远处的叶子可以偏冷些，用翠绿。

图 5–45–3　《老别墅的故事》色稿步骤 3

∧ 用蓝色画建筑入口处的遮阳顶，以暖灰色大笔扫出石板路面，加以大小不一的点状笔触既表现路面铺地的质感，又丰富画面的效果，用较深的冷灰色画出建筑、台阶以及路牙的投影与明暗交界线。

图 5–45–4　《老别墅的故事》色稿步骤 4

∧ 用蓝绿色画窗户玻璃，注意留出高光，用深绿色画松树枝叶的暗部，用橄榄绿和墨绿色画松树的枝干，然后分别用土黄色、灰色画梧桐树的叶子、枝干，梧桐树主观处理得“虚”一些，松树主观处理得“实”一些，这样不仅两棵树的效果有变化，而且平衡了整个画面的构图。

图 5-45-5 《老别墅的故事》色稿完成图 签字笔 马克笔 彩铅 复印纸

∧ 最后用浅蓝色画天空，用浅灰色画出远处的建筑，用深灰色再次加重建筑屋檐处的投影与明暗交界线，之后用彩铅表现局部色彩的过渡与变化，并表现出石墙的质感，调整，完成。

图 5-46-1 《公园小景》色稿步骤 1

∧ 先用草绿色大笔铺出草坪，近处的用笔可以大胆些，但笔触的位置要准确，以点状的用笔画出植被、草地与右上角的松叶。

图 5-46-2 《公园小景》色稿步骤 2

∧ 继续用草绿色点出鸡爪槭、小灌木的叶子，不要点太多，鸡爪槭的树叶主要以桔色为主，用翠绿色画出远处的树丛和草坪，用深绿色表现树丛与其他植物的色彩变化，用浅冷灰色画石桥、路面以及鸡爪槭枝干的暗部，再用浅暖灰色画石头。

图 5–46–3 《公园小景》色稿步骤 3

∧ 接着用桔黄色、朱红色画出鸡爪槭的树叶，用黄绿色画出植被的新叶，用深灰色画出石桥、石头、树丛枝干的暗部，用棕色画出草坪围栏与小灌木的枝干。

图 5–46–4 《公园小景》色稿步骤 4

∧ 然后用橄榄绿加深鸡爪槭与树丛的树干，用墨绿色画松叶、草地与植被的暗部，用蓝色画路灯，再用冷灰色画植物、石桥等的投影，最深的部位要加重。

图 5–46–5 《公园小景》色稿完成图 针管笔 马克笔 彩铅 复印纸

∧ 最后用墨绿色加强近处植被、石头的明暗与色彩对比，用彩铅过渡树木、草地的颜色，并表现出石头、石桥的质感，调整，完成。

图 5-47-1 《石桥》色稿步骤 1

图 5-47-2 《石桥》色稿步骤 2

∧ 从画面的主体物石桥开始画起，先用较浅的冷暖灰色摆出石桥的固有色，马克笔方头的笔触效果很适合表现石块的感觉，再用草绿色铺出松树的整体色彩，注意亮面留白。

∧ 接着画远处的物体，用蓝绿色画草地，浅紫灰色画远景，用蓝色画水体，跌水部分要注意留白，可以加一些小点表现水花的感觉。

图 5-47-3 《石桥》色稿步骤 3

图 5-47-4 《石桥》色稿步骤 4

∧ 然后用桔黄色和黄绿色画左边的连翘，还有近处的小草，笔触要生动，至此整个画面大体的色彩都已铺出，随后开始刻画细部，并用深色表现明暗，依旧从石桥画起，再到松树。

∧ 用浅蓝色画出天空，笔触的走向要有一定的起伏变化，再加些点进一步丰富画面，在上色的同时，要注意时刻把握好画面的整体效果。

图 5–47–5　《石桥》色稿完成图　签字笔　马克笔　彩铅　复印纸

∧ 最后用彩铅过渡色彩、表现石桥的质感，并统一整个画面的效果，之后用白笔轻松地点出高光，完成。

图 5–48–1　《城市绿地景观》色稿步骤 1

∧ 先用草绿色大笔铺出草坪，不要涂得太满，要有一些虚实的变化，否则会显得很“板”。

图 5–48–2　《城市绿地景观》色稿步骤 2

∧ 再画灌木、乔木的叶子，以点状的笔触为主，近处植物的叶子色彩偏暖些，反之则偏冷些，通过冷暖对比更好地表现空间关系，继续把休息座椅、垃圾桶、景观小品、天空表现出来。

图 5-48-3 《城市绿地景观》色稿步骤 3

∧ 画树木的枝干、石头，中间的乔木是刻画的重点，表现时要有所侧重。用马克笔尖头绘出的点状笔触轻松点出乔木的小叶片。

图 5-48-4 《城市绿地景观》色稿步骤 4

∧ 用重色画出植物枝叶、树干的暗部及投影，用红色依次点缀出花朵、灯笼，颜色要有一些变化，别上太满，适当留白。

图 5-48-5 《城市绿地景观》色稿完成图 针管笔 马克笔 彩铅 复印纸

∧ 最后用彩铅加强整个画面的统一，调整，完成。

图 5–49–1　《跌水景观》色稿步骤 1

∧ 先用黄绿色、草绿色画出植物的固有色，注意用色、用笔的变化，要表现一定的明暗关系。

图 5–49–2　《跌水景观》色稿步骤 2

∧ 用蓝色以及蓝绿色表现水体，切不可涂得过满，用笔要大胆果断，不能犹犹豫豫、拖泥带水，再用浅棕色表现硬质景观部分。

图 5–49–3　《跌水景观》色稿步骤 3

∧ 继续画出建筑小品、树干、石头等，接下来开始深入刻画主要物体，并用重色画出暗部、投影及水面的倒影。

图 5–49–4　《跌水景观》色稿步骤 4

∧ 然后用彩铅先画出天空，此处天空面积不大，如用马克笔上色会使画面构图显得太满，再用彩铅刻画细部，充分表现色彩变化。

图 5–49–5 《跌水景观》色稿完成图 针管笔 马克笔 彩铅 复印纸

∧ 进一步用彩铅过渡色彩，统一画面，最后用白笔提高光，白笔在使用时要注意“度”的把握，不能“过”了，否则画面会“花”和“乱”。

第六章

手绘设计作品赏析

本章精选了笔者大量的手绘设计范图，其中既有教学示范、平时练习，又有写生实践、项目设计。作品形式多样、内容丰富、易学适用，充分体现了手绘作品快速直观的特点与独特的艺术魅力，同时还对每幅作品的表现要点、技法技巧等都进行了简要的解析，并分享了本人在作画时的心得体会，特别适合初学者学习与临摹练习。除本人的作品外，还有针对性的挑选了部分学生习作，通过点评分析，便于大家在学习过程中参照、借鉴，少走弯路，尽快掌握手绘技法，提高手绘技能与艺术素养，开拓眼界、创新思维，为成为一名优秀的设计师打下坚实的基础。

图 6–1 《度假酒店小景》 针管笔 绘图纸

这是一幅表现较为精细的作品，小品线条的规整与植物线条的自由，形成有趣的对比，部分植物的造型采用负形（黑底衬白）的方式表现。

图 6–2–1 《高档居住区景观一》 针管笔 复印纸

好的线描底稿充满诱惑力，能大大激发后期上色的欲望和冲动，很多佳作就是在这样的激情中产生出来的。

图 6–2–2 《高档居住区景观一》针管笔 马克笔 彩铅 复印纸

生动的用笔，准确的用色，概括的处理，艺术的表现是该作成功的关键。

图 6–3–1 《高档居住区景观二》 针管笔 复印纸

线描底稿要解决好空间、透视、形体、尺度等问题的处理，协调好各景物的关系。

图 6–3–2 《高档居住区景观二》针管笔 马克笔 彩铅 复印纸

色彩的对比加强了整个画面空间感、层次感的体现，蜿蜒的彩虹小径再次强化了这种感觉，成为引导视线的重要部分。

图 6–4–1 《高档居住区景观三》 针管笔 复印纸

此图中景丰富密集，故画面处理为前松后紧，平衡木游乐区也不宜再添画人物。

图 6–4–2 《高档居住区景观三》 针管笔 马克笔 彩铅 复印纸

上色阶段要注意：在表现色彩关系、色彩变化的同时，还要表现一定的素描关系、光影变化。

图 6–5–1 《高档居住区景观四》 针管笔 复印纸

表现重点有二：一是廊架、树池的形体结构，二是地面铺装的不同效果。

图 6–5–2 《高档居住区景观四》针管笔 马克笔 彩铅 复印纸

儿童游乐设施的表现，既增添了空间的情趣，又成为画面的点睛之色。

图 6–6–1　《高档居住区景观五》　针管笔　复印纸

把握好圆形透视的变化规律，准确表现下沉式圆形场地的形体结构及透视是线描的重点。

图 6–6–2　《高档居住区景观五》　针管笔　马克笔　彩铅　复印纸

水景喷泉要表现到位，用笔用色要"活"，才能充分体现动水的感觉，前景上色宜松，后景上色宜紧。

图 6–7–1 《高档居住区景观六》 针管笔 复印纸

人物配景与游乐设施的刻画，烘托了空间环境的气氛，更好地突出了景观场地的功能。

图 6–7–2 《高档居住区景观六》 针管笔 马克笔 彩铅 复印纸

上色要主体突出，虚实得当，不能盲目地填色、涂色，要有针对性，在上色前要做到心中有数。

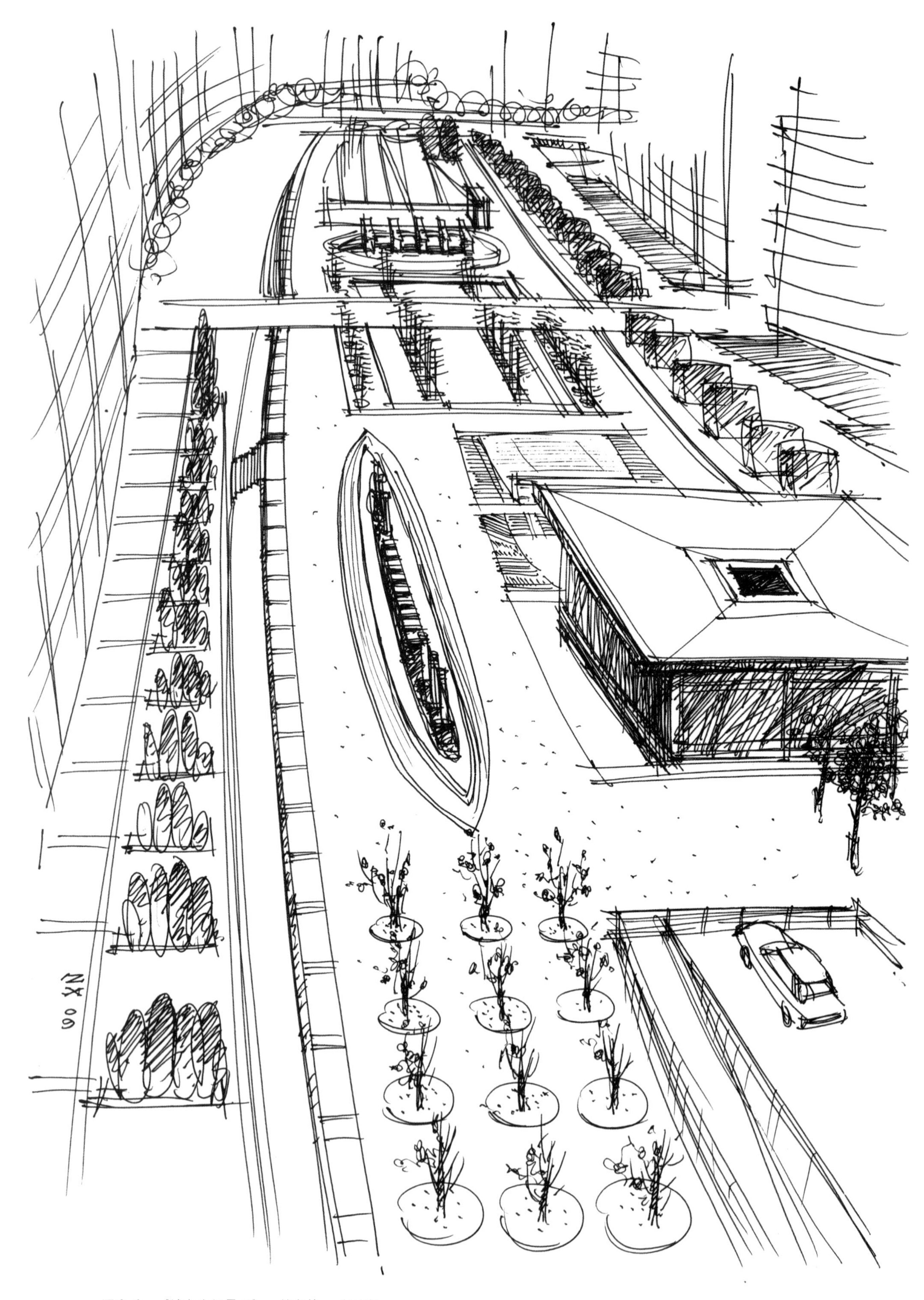

图 6–8 《城市广场景观》 签字笔 复印纸

此图用笔概括，用线洒脱，用时较短，以手绘草图的形式表现大的设计效果。

图 6–9 《涉外酒店建筑景观》 签字笔 复印纸

要充分表现出欧式建筑及景观小品的造型特点，还要避免一点透视带来的呆板感觉。

图 6–10 《云南民居》 针管笔 复印纸

这是我大学期间的一幅作品，最初只是当稿纸随手练练笔，但画着感觉还不错，于是越画越多，直至完成，可能也正是当时的无压力，成就了这幅作品。其实，作画时如果压力太大，过于紧张，反而画不出好的作品，设计也亦然。

图 6–11　《庐山 283 号老教堂》　签字笔　彩色铅笔　复印纸

选择彩铅上色，是考虑到彩铅更能表现石墙斑驳、粗糙的质感与石构建筑充满力度的雄浑美。

图 6–12 《皖南建筑印象》 签字笔 彩色铅笔 牛皮纸

利用牛皮纸做底色，白色彩铅提亮，既加强了建筑的体积感，丰富了景物的层次，又提升了画面的艺术性。

图 6–13 《徽派民居》 签字笔 复印纸

有点怪异的取景构图，有点怪异的建筑形体，在怪异中寻找一种平衡和趣味。

图 6–14 《老宅》 签字笔 复印纸

有些残破的老宅倚靠在高墙之下，进门入口的遮挡让人不禁产生疑问，成为画面的视觉焦点，短线的排列组合成为表现明暗和质感的一种手法。

图 6–15 《宏村一角》 签字笔 彩色铅笔 牛皮纸

作品着眼于对中景建筑的刻画表现，近景墙面则大面积概括处理，白色彩铅的运用恰到好处。

图 6–16 《徽州印象》 针管笔 绘图纸

"一生痴绝处，无梦到徽州。"明清时代保存完好的徽派建筑，群山绿水的原始自然，组成了一幅如诗如画的美卷，烟雨蒙蒙，水墨江南。

图 6–17 《呈坎村落一》 针管笔 绘图纸

呈坎村依山傍水，融自然山水为一体。整个村子格局按九宫八卦式而建，是一个天然外八卦和人文内八卦巧妙而完美结合在一起的古村落。

图 6–18 《呈坎村落二》 针管笔 马克笔 彩铅 绘图纸

马克笔、彩铅的大胆上色，赋予了徽派古建别样的风情，画面呈现出古与今、传统与现代的碰撞。

图 6–19 《徽州古村落》 签字笔 彩色铅笔 复印纸

古树逢春，参天的枝干充满了力量，似乎述说着它和村落的故事，大面积蓝紫色中的几抹暖色显得愈发珍贵。

图 6–20 《江南古建景观》 针管笔 马克笔 彩铅 绘图纸

错落有致的古建，静谧清澈的水景，优美生动的绿植，犹如"形态构成"一般，使画面充满了设计的味道。

图 6–21 《美国豪宅景观》 针管笔 马克笔 彩铅 复印纸

对景观小品和泳池的刻画，充分体现了别墅豪宅的奢华、贵气。

图 6–22 《高档别墅区景观》 针管笔 马克笔 彩铅 复印纸

对光影的表现是此图的重点之一，不仅增强了景物的立体感，而且使其更为生动。

图 6–23 《共享空间景观》 针管笔 复印纸

开敞、大气的空间效果得益于一点透视所带来的对称构图，形态各异、生动有趣的人物配景是空间中的主体，成为画面的灵魂。

图 6–24 《别墅景观》 针管笔 复印纸

较低的视角突出了景观植物的丰茂与别墅建筑的气势，灵动、流畅的线条赋予了它们鲜活的生命。

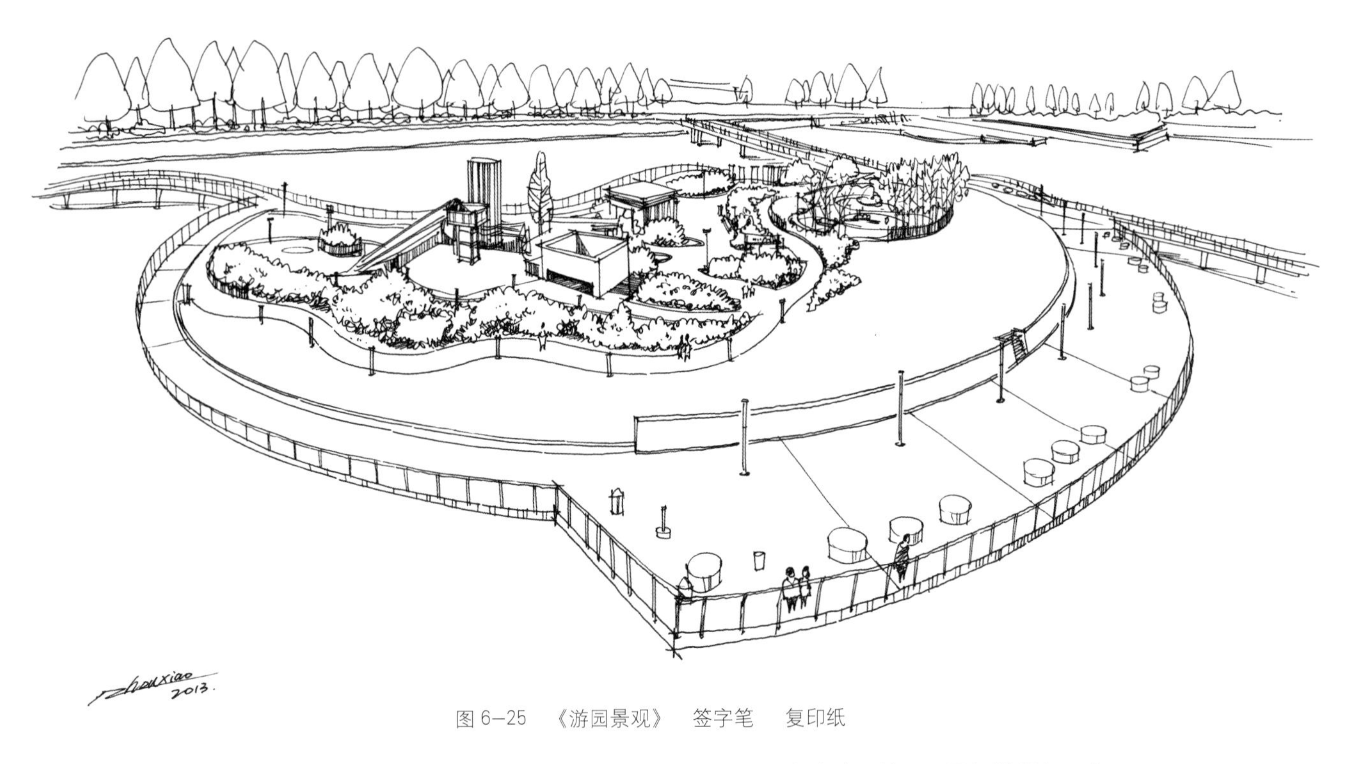

图 6–25 《游园景观》 签字笔 复印纸

圆形的透视无疑是这幅鸟瞰图描绘时的要点，对游园细节的刻画是作品成败的关键，远景概括增加层次。

图 6–26 《海滨度假村景观》 针管笔 复印纸

粗糙的原石石堆、蓬松的茅草屋顶、灵动的泳池水面、精致的拉膜阳伞、舒适的休闲躺椅，无不体现出线条独特的魅力。

图 6–27　《南京夫子庙景观》　签字笔　复印纸

夫子庙是南京著名的景点，吸引着无数来自五湖四海的朋友观光游玩，让人流连忘返。此处是最有代表的经典场景，作品生动的表现了中国传统古街市的风貌。

图 6–28　《南京夫子庙照壁》　签字笔　复印纸

夫子庙照壁素有“中国照壁之最”的美誉，气势雄伟，每当夜幕降临，彩灯闪耀，绚丽夺目，美不胜收。

图 6–29 《南林大校园景观》 签字笔 复印纸

南京林业大学是中国最早建立的林业高等学府，其风景园林、景观设计及规划设计专业在国内外享有较高的知名度。

图 6–30 《东南大学大礼堂》 签字笔 复印纸

东大礼堂兴建于20世纪30年代，造型庄严雄伟，属于西方古典建筑风格。正立面用爱奥尼柱式与山花构图，上覆铜质大穹窿顶，堪称当时中国最大的礼堂。2002年在大礼堂前增建百年校庆纪念碑和涌泉池。建筑与景观和谐统一，相映成趣。

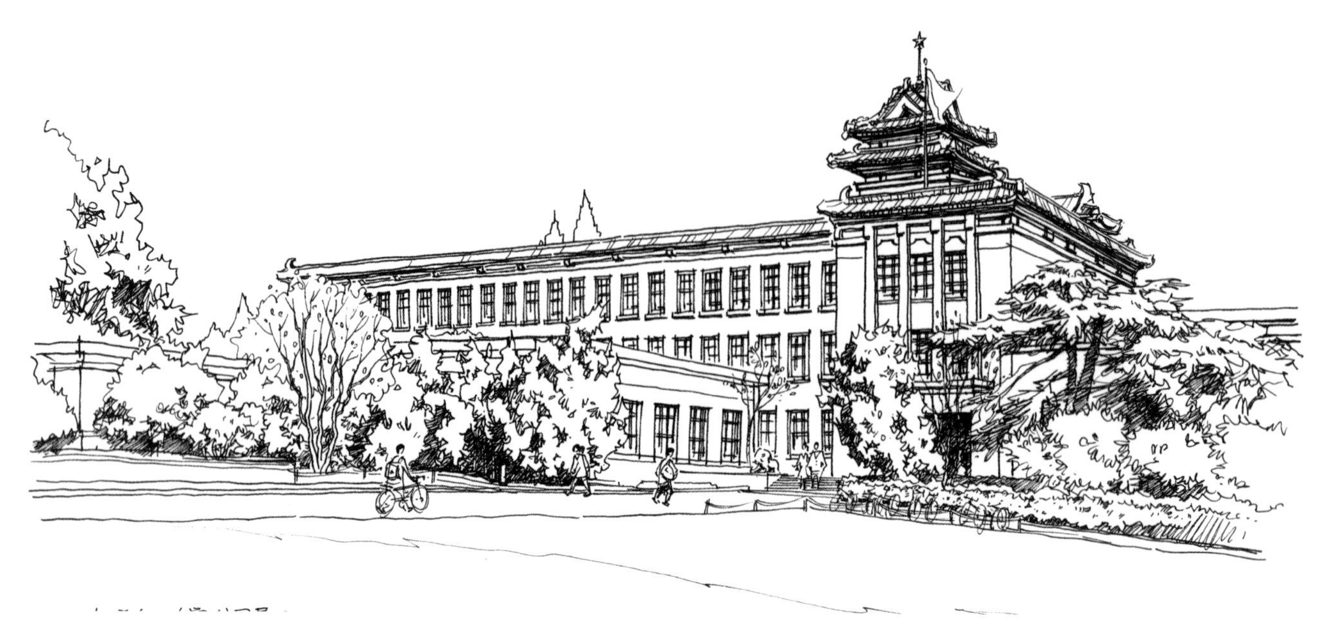

图 6–31 《南京农业大学主楼》 签字笔 复印纸

主楼是南农大的地标性建筑，建于 1954 年，由著名建筑师杨廷宝设计，属于新民族形式风格。平视主楼宛如一艘正在航行的轮船，俯视恰如一架翱翔蓝天的飞机。其独具特色的建筑景观，曾出现在影视作品的外景中，也是毕业照中永恒不变的经典背景。

图 6–32 《绿地公园景观》 勾线笔 彩色笔 绘图纸

一幅典型的快速手绘作品，用时仅 20 分钟。作品高度简练概括，画面充满激情与张力，寥寥几笔就勾画出公园休憩的场景，多彩的帐篷与生动的人物构成了画面的主体。作画时，没有携带专业的手绘工具，是借用儿童彩色笔并结合彩铅完成的。

图 6–33 《南京老门东景观一》 针管笔 马克笔 彩铅 复印纸

老门东位于南京城南，自古便是商业及居住最发达的地区，现经整体改造设计，使老门东重新焕发了青春，以全新的面貌成为南京地方传统文化与现代商业结合的代表。这是景区入口处的效果，高大庄重的中式牌坊是刻画表现的重点，三三两两的人物烘托了画面的气氛。

图 6–34 《南京老门东景观二》 针管笔 马克笔 彩铅 复印纸

大面积的青灰色砖墙无疑是中式建筑的特点之一，但也正是表现的难点，既要体现砖墙的效果，又要整体统一，不能过分突出。很多初学者每每在画到此处时，总是处理不好，该作的表现手法值得大家借鉴参考。

图 6–35 《共享空间下沉式景观》 针管笔 马克笔 彩铅 绘图纸

远景的重色反衬出景物造型，增加了层次，近景的用笔用色大胆而强烈，餐具、酒器的点缀增添了情趣。

图 6–36 《旅游休闲区景观》 针管笔 马克笔 彩铅 复印纸

这种表现全景效果的作品，要处理好各景物的主次虚实关系，还要特别注意表现场景的空间层次感。

图 6–37 《公共空间景观》 签字笔 马克笔 彩铅 复印纸

植物造景、标识小品无疑是作品刻画的重点，大面积的弧形玻璃幕墙在概括表现的同时，又要有其质感特点。

图 6–38 《入口景观》 签字笔 马克笔 彩铅 复印纸

明快的色彩搭配、潇洒的笔触组合可以让平淡的线稿也充满魅力，焕然一新，打动观者，扣人心弦。

图 6–39 《居住区景观系列》 签字笔 马克笔 彩铅 复印纸

不纠结于局部细节的刻画，更侧重于对整体设计效果的把握，作品充分体现了快速设计表现的特点。

图 6–40 《居住区景观系列》 签字笔 马克笔 彩铅 复印纸

景观是描绘的主体，建筑仅充当背景，对植物的各种表现手法使画面极富艺术感染力。

图 6—41 《居住区景观系列》 签字笔 马克笔 彩铅 复印纸

对环境景观真实生动的表现，更加烘托出居住区的氛围，让人仿佛身临其境。

图 6—42 《商业空间景观》 针管笔 马克笔 彩铅 复印纸

造型别致的树池与轻松的阳伞座椅构成了画面的主体，人物的点缀则恰到好处，作品给人以休闲舒畅的购物享受及高端优雅的空间感受。

图 6–43 《经贸学院校园景观一》 签字笔 马克笔 彩铅 复印纸

景观部分是刻画的主体，要注意把握好画面各部分的关系，注意色彩的搭配以及笔触的走向，处理好画面的空间关系。

图 6–44 《经贸学院校园景观二》 签字笔 马克笔 彩铅 复印纸

对光影的表现尤其是树影的刻画，让整个画面充满了光感。红色小车的点缀，丰富了色彩，增添了情趣。

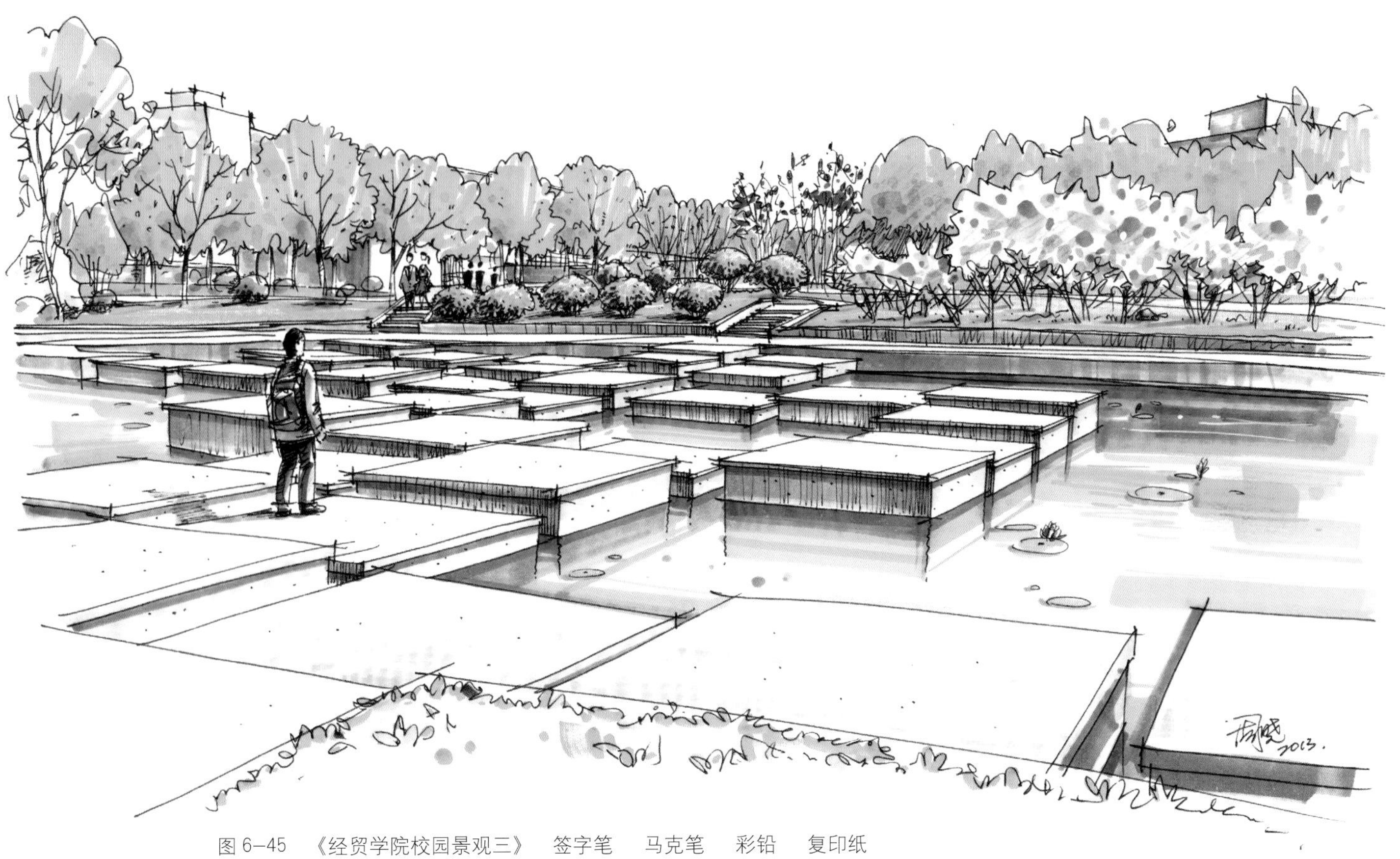

图 6–45　《经贸学院校园景观三》　签字笔　马克笔　彩铅　复印纸

水面倒影是表现的重点，要准确而概括。大片的桃花显得分外夺目、姹紫嫣红，空气中弥漫着春天的气息。

图 6–46　《经贸学院校园景观四》　签字笔　马克笔　彩铅　复印纸

落叶植物与常绿植物相互映衬，对两者生动而又准确地刻画，是构成画面形式美的关键。木质的垃圾桶是作品的点睛之处。

图 6-47 《经贸学院校园景观五》 签字笔 马克笔 彩铅 复印纸

人物配景的准确表现使整个画面一下子鲜活起来，让作品有了魂。漂亮的光影在表现体积感的同时也丰富了画面。

图 6-48 《滨水广场景观一》 针管笔 马克笔 彩铅 复印纸

以下三幅作品表现的都是同一滨水广场景观的设计效果，但角度各有不同。这幅主要表现的是方亭及周边树池草坪的效果，典型的一点透视构图充分突显出广场景观开阔、大气的特点。

图 6–49 《滨水广场景观二》 针管笔 马克笔 彩铅 复印纸

这幅表现的重点是张拉膜的轻巧造型和水景植物的清新，方亭和植物已成为远景。律动的天空充满动感，与大面积的水景相呼应。

图 6–50 《滨水广场景观三》 针管笔 马克笔 彩铅 复印纸

这幅主要表现的是植物树池和休息坐凳的组合，要注意色彩的搭配与笔触的运用，通过冷暖色的对比更好地表现画面的空间感。

图 6–51 《入口景观一》 针管笔 马克笔 彩铅 复印纸

注意协调好硬质景观标牌与软景植物的关系，标志及文字要准确而严谨，植物花卉则要大胆而生动。

图 6–52 《入口景观二》 针管笔 马克笔 彩铅 复印纸

高耸的标牌是画面的重点，马克笔的上色笔触要根据标牌形体的转折结构来走。灌木绿化要当作几何体来概括处理。

图 6–53 《台北信义商圈景观》 针管笔 马克笔 彩铅 复印纸

这是我在台湾访学交流期间所作，信义商圈是台北市最具标志性的地区，白天的信义商圈是一个生活节奏忙碌快速的商业金融中心，而夜晚则是充满艳丽光彩夺目的时尚都会中心，周末假日的信义商圈又变成一个超大型的秀舞台，经常举办各种假日活动或游园会。作品重点表现了繁华的城市街景，远景建筑即为著名的台北 101 大厦。

图 6–54 《台北市动物园景观》 针管笔 马克笔 彩铅 复印纸

位于台北市文山区木栅，整个园区被次生林山坡地所围绕，是一处结合自然景观形成具生态特色之休闲场所。动物园紧邻台北猫空，可坐缆车直达山顶的猫空，品品高山铁观音茶，尝尝独特的美味茶餐，别有一番情趣。

图 6–55 《中式园林景观》 针管笔 马克笔 彩铅 复印纸

画面层次丰富，对木亭、景墙、绿植、石桥、水景、小品、山石的刻画无不让人感受到浓浓的中式江南园林的韵味。

图 6–56 《简欧庭院景观》 针管笔 马克笔 彩铅 复印纸

采用较低的视角突出表现了花卉、植被、树池以及铺地拼花的效果，呈现出一个精美的花园设计。

图 6–57　《概念草图表现系列》　针管笔　马克笔　彩铅　复印纸

一个办公空间景观的设计效果，以跌泉及涌泉的水景形式划分出草坪与花池。

图 6–58　《概念草图表现系列》　针管笔　马克笔　彩铅　复印纸

滨水景观步道效果，人物与建筑烘托了景观的气氛，轻柔的天空与水面相呼应。

图 6–59 《概念草图表现系列》 针管笔 马克笔 彩铅 复印纸

设计理念以圆形为主题，满足人们休闲、赏景的功能。表现各种植物时要理清头绪，做到杂而不乱。

图 6–60 《概念草图表现系列》 针管笔 马克笔 彩铅 复印纸

以几何体块为元素设计的中庭景观，把平台、坐凳、花池、园灯集合在一起，并将方形延伸至铺地拼花中。

图 6–61 《现代庭院景观》 针管笔 马克笔 彩铅 复印纸

作品用线精练概括，用笔干脆利落，用色生动大胆，透视准确，主次虚实处理得当，充分体现出快速表现作品的特点。

图 6–62 《酒店套房景观》 签字笔 马克笔 彩铅 绘图纸

透视准确，线条精练，用笔果断，用色大胆，细节刻画到位，主次虚实处理得当，凸显了酒店套房的高贵品质。

图 6–63 《展示空间景观》 针管笔 马克笔 彩铅 复印纸

除单体家具和展台外，那些暴露梁板、网架、管线等充满高技派"机械美"的顶面设计也是表现的重点。

图 6–64 《别墅客厅景观》 针管笔 马克笔 彩铅 复印纸

对材料质感的准确表现，如茶几石材台面的质感，布艺沙发的质感，木材矮柜的质感，羊毛地毯的质感，玻璃花瓶的质感。

图 6–65 《简欧客厅景观》 针管笔 马克笔 彩铅 复印纸

壁炉、花窗、饰品、枯枝等营造出略带田园气息的简欧风情，墙面的重色加强了画面的对比，很出效果。

图 6–66 《现代客厅景观》 签字笔 马克笔 彩铅 绘图纸

一幅典型的草图小稿，将创作激情融入到手绘之中，绘于笔尖之下，画面呈现出强烈的视觉冲击力，扣人心弦。

图 6-67 《总裁办公室景观》 签字笔 马克笔 彩铅 绘图纸

典型的快速设计表现实例，在具备了一定的手绘基本功后，可以开始尝试练习这种用时半小时内的快速手绘表现作品。

图 6-68 学生习作《城市绿地景观》／唐绿萍 南京农业大学 针管笔 绘图纸

建筑的形体结构准确严谨，景观植物轻松生动，画面黑白灰的关系处理到位，具有较好地把控线条的能力。

图 6–69　学生习作《秋思》/ 周见文　江苏经贸学院　针管笔　复印纸

作品用线娴熟精准，刻画生动细腻，表现形神兼备，绘画性很强，是一幅上乘之作。

图 6–70　学生习作《别墅景观一》/ 王晓宇　南京农业大学　针管笔　马克笔　彩铅　绘图纸

该生来工作室前零基础，原本所学也并非设计专业，通过四周集中强化训练后，能画出如此的效果，实属不易。

图 6–71　学生习作《别墅景观二》／殷绘焘　金陵科技学院　针管笔　马克笔　彩铅　绘图纸

整体效果尚可，色彩表现力不错，但线条的表现力还有待提高，主次虚实也缺乏变化，过于均衡。

图 6–72　学生习作《居住区入口景观》／郜芝鑫　江苏经贸学院　针管笔　复印纸

画面工整严谨，刻画细腻准确，用线沉稳扎实，如果局部再多一些变化，效果会更好。

图 6–73　学生习作《中心水景》／韩冰　江苏经贸学院　针管笔　马克笔　彩铅　复印纸

画面效果过于平均化，应该重点表现曲桥、水生植物、水体及景墙的效果，另外颜色上得太满，也没有体现马克笔的笔触效果，这些都是初学者容易出现的通病。

图 6–74　学生习作《别墅区景观》／张丹　南京林业大学　针管笔　马克笔　彩铅　绘图纸

作者没有拘泥于对局部细节的刻画，而是从大处着眼，展现出整个场景的设计效果，天空表现的很有特色，值得借鉴，如果水面再丰富一点，将是一幅不错的快速设计表现作品。

图 6–75　学生习作《居住区景观》／周敏　江苏经贸学院　针管笔　马克笔　彩铅　复印纸

与多数初学者下笔犹豫不同，该作用笔用色大胆，果断而有力度，充分体现出马克笔独特的笔触效果，美中不足是主次不清，要么突出表现景观，要么突出建筑。

附录

【手绘设计】练习任务书一

此任务书，与本书内容相对应，供各位学习者参照，边看边练，边学边画。通过 9 周的强化练习，可以使你快速掌握常用的手绘基础技法，熟练绘制出较完整的手绘设计表现图。具体练习内容、学时及周次可根据各自的实际情况调整。

<table>
<tr><th>周次</th><th>学时</th><th>练习内容安排</th></tr>
<tr><td rowspan="3">一</td><td rowspan="3">27</td><td>一、手绘设计概述
收集手绘设计相关资料，收集优秀手绘图例作品，并分类归档保存</td></tr>
<tr><td>二、手绘工具与材料介绍
备好常用手绘工具与材料</td></tr>
<tr><td>三、徒手线条训练
1. 直线练习
①慢画线（10—20 张，每张上面至少 4 组线条，绘于草稿纸）
②快画线（10—20 张，每张上面至少 4 组线条，绘于草稿纸）
2. 弧线练习（10—20 张，每张上面至少 4 组线条，绘于草稿纸）
3. 特殊线练习（10—20 张，每张上面至少 4 组线条，绘于草稿纸）
4. 线条组合练习（10 张，每张上面至少 4 组线条，绘于草稿纸）</td></tr>
<tr><td rowspan="2">二</td><td rowspan="2">27</td><td>四、透视与构图技巧
1. 理解透视原理与基本原则
2. 选取不同的构图视角，画出相应的透视线稿
一点透视、二点透视、三点透视、圆形透视练习（各 3 张，绘于草稿纸）
3. 根据平面图，绘制出透视图（3—5 个，每个 3 种透视角度：平视、虫视、鸟瞰）</td></tr>
<tr><td>五、建筑风景速写与水彩
1. 建筑风景速写以临摹练习为主，张数自定
2. 建筑风景水彩以临摹练习为主，张数自定</td></tr>
<tr><td>三、四</td><td>54</td><td>六、徒手黑白线描稿
1. 临摹徒手线描作品 – 单体练习（10—15 张，每张上面至少 4 个单体）
2. 临摹徒手线描作品 – 组合练习（5—10 张，每张上面至少 2 个组合）
3. 临摹徒手线描作品 – 整体练习（10—15 张）
4. 写生照片图片 – 徒手黑白线稿表现练习（5—10 张）</td></tr>
<tr><td>五</td><td>27</td><td>七、彩色铅笔技法
1. 彩铅笔触练习（1—2 张，绘于草稿纸）
2. 临摹彩铅技法作品练习（3—5 张）
3. 写生照片图片 – 彩铅技法实例表现练习（3—5 张）</td></tr>
<tr><td>六</td><td>27</td><td>八、马克笔技法
1. 马克笔笔触练习（2—3 张，绘于草稿纸）
2. 马克笔形体上色练习（3—5 张，绘于草稿纸）
3. 临摹马克笔彩铅技法作品 – 单体练习（10—15 张，每张上面至少 4 个单体，可以用之前的线稿练习上色）</td></tr>
<tr><td>七</td><td>27</td><td>九、配景与质感表现
1. 临摹马克笔彩铅技法 – 天空练习（2—3 张，每张上面至少 2 个天空）
2. 临摹马克笔彩铅技法 – 人物练习（3—5 张，每张上面至少 4 组人物）
3. 临摹马克笔彩铅技法 – 汽车练习（2—3 张，每张上面至少 3 辆汽车）
4. 临摹马克笔彩铅技法 – 常见材质练习（3—5 张，每张上面至少 2 个材质）</td></tr>
<tr><td>八、九</td><td>54</td><td>十、马克笔彩铅表现技法实例
1. 临摹马克笔彩铅技法作品 – 组合练习（5—10 张，每张上面至少 2 个组合，可以用之前的线稿练习上色）
2. 临摹马克笔彩铅技法作品 – 整体练习（10—15 张，可以用之前的线稿练习上色）
3. 写生照片图片 – 马克笔彩铅技法实例表现练习（5—10 张，可以用之前的线稿练习上色）
4. 尝试运用马克笔彩铅技法表达自己的设计构思，手绘草图练习（5—10 张）</td></tr>
</table>

后记

手绘在设计中的重要性不言而喻，但手绘又恰恰是目前学校教学内容中比较缺失的一块，很多同学虽然在学校上过了手绘方面的课程，但学习效果却并不理想，特别是在设计实践中很难学以致用。在长期的教学实践中，我接触了大量不同专业院校的学生与企业的设计师，从我了解的情况来看，手绘设计表现方面的课程并没有得到大多数专业院校相应的重视，存在诸如：课时安排较少、内容设置不够科学系统、大班化的教学形式等问题，有的院校甚至没有专门开设手绘方面的课程。这就造成大部分学生在学校课程结束后，基本还仅仅停留在对范画的临摹阶段，一旦让其写生就感觉很吃力，无从下手，更不要谈设计方案的创作表现了！

手绘是一门技术性比较强的课程，要掌握好这项技能，就要遵循相应的学习方式与方法。所以，想学好手绘，除了发挥自己的主观能动性以外，加上正确的学习方法，还要有优秀的教程书籍指导或是专业的老师教授、系统的内容设置、适用的教学形式，只有这样，我觉得才能取得最佳的学习效果，才能在最短的时间有显著的进步与提高。

正是出于这些考虑，同时也是受中国林业出版社之邀约，我将自己多年从事手绘设计教学与实践的作品及经验汇集成这套园林景观手绘设计表现丛书，既是一次对设计教学的理论和技法提炼，又是一次从事设计工作的实践总结。我为本书特别精心绘制了多幅范图作品，通过图例解析将手绘的全过程一一展现在书中，突出手绘教学的示范性，增强了读者的适用性。

本书的撰写及出版得到了诸多的帮助。承蒙李顺编辑的关心，给予我宝贵的建议，十分感谢！本书在撰写过程中参考了国内外部分专家学者的观点，部分原始图片来源于网络，在此向原作者一并表示衷心的感谢！还要感谢我的家人，本书得以顺利完成，与你们的支持是密不可分的。

由于本人水平能力有限，加之时间仓促，虽力求完善，但书中难免有不妥之处，恳请各位批评指正。

周晓

二零一五年春节

于金陵